猫は、うれしかったことしか覚えていない

石黒由紀子・文　ミロコマチコ・絵

猫は、うれしかったことしか覚えていない

石黒由紀子・文

ミロコマチコ・絵

はじめに

私の家にはコウハイという名前の猫がいます。６歳のオス、雑種。ランコントレ・ミグノンという動物愛護団体から、生後３ヶ月でやってきました。発育不良、標準の半分ほどの大きさ（小ささ？）で、周囲からは「育たないかも」と心配されていましたが、あにはからんや育ちすぎました。

コウハイには先輩のセンパイがいます。センパイは豆柴という種類の犬で、11歳のメス。生後４ヶ月で我が家の犬となり、それから５年後にコウハイが加わり、現在の家族構成は、オットと私と犬と猫。

「うちの猫がね……」、コウハイと暮らす前は、愛猫家(あいびょうか)たちの話も少し退屈でした。しかし、今では、どの話もしみじみと沁(し)みるのです。単純で、どこも大差なく見える猫と人との生活も、それぞれに個性があり、決まりごとがあり、抱える問題もあり。

丸い背中で意志を示し、行動で語る猫たち……。話を聞きながら、私は思い込みを手放すヒントをたくさんもらいました。

何事にも好奇心を持って臨むこと、失敗しても「それはそれ」と先へ進むこと、正直で媚（こ）びず、いつも機嫌がいいこと（寝起き以外）。夢と希望を持ち、それが叶わなかったら明るくあきらめること……。これらは私がコウハイから学んだこと。「過去にとらわれたり先々を思い悩むより、今をしっかり生きよう」、そう思うようになったのもコウハイの純粋さに憧れて。

友人や知人と猫のこと、コウハイと私のことを綴（つづ）りました。どこにでもあるたわいのない日々の出来事ですが、そんな中にこそ気づきの種があるもので、この本が、読んでくださるみなさんにとって、何かをキャッチしたり、思いを温めたり深めたりするきっかけになったらうれしいです。迷ったり、軸がぶれたとき、自分の中にある答えを探るヒントを、猫たちが教えてくれるかもしれません。

猫飼いの先輩、ミロコマチコさんのイラストとともにお楽しみくニャさい。

目次

おちおち
本も読めん！
ケリ
ケリケリ
ミョーン
ミョーン
バサッ

ついてないストーブの前で
ひたすら待つ
シーーーン

猫は、うれしかったことしか覚えていない

ある日、帰宅したら、センパイだけが玄関にやってきました。いつもならセンパイとコウハイ、2匹で飛び出してくるのに。部屋を見渡すと、部屋の隅にコウハイがいました。吹けば飛びそうな綿ぼこりのように、弱々しく小さく丸くなって。「何かあったな」、一目見てそう思いました。

翌日になってもその様子は変わらず、元気もなければ食欲もない。それで動物病院へ連れていきました。あれこれ検査しながら様子を見ること2日間、体調は戻らず不調の原因も摑めず。それで、開腹手術をすることになったのです。

おなかから出てきたのは梅干しの種。これが不調の原因でした。家の中のどこかで見つけて転がして遊び、何かの拍子に飲み込んだのでしょう。

「ずっと以前に飲み込んだ梅干しの種が、しばらく胃の中に留まり、その後、腸へ流

れたときに管に詰まってしまい、食べたものを流動させられなくなった」というのが顛末(てんまつ)でした。さぞ苦しかったことでしょう。

術後は順調。手術の5日後にめでたく退院となって、私とコウハイは、これからの注意を獣医師から聞きました。

「誤飲した子は、必ずと言っていいほど、またしますから、十分に気をつけてください」と先生。

そして続けたのです。「猫には、楽しい記憶だけが残ります。コウハイちゃんには、梅干しの種（と認識しているかどうかは別として）を転がして遊んでおもしろかったな、という記憶だけが残り、苦しくなって手術して、入院までして大変だったということは、そのうち忘れます。だから、梅干しの種を見つけたら、〝あ、あのおもしろいやつだ〟となって、同じことになりかねません。猫とはそういう動物なんですよ」

ということは、野良猫たちが食べ物を求めてさまよい歩くことや、寒さに耐え身を縮めて眠ること、道を渡るときに自転車に轢(ひ)かれそうになって「ぎゃ！」となること。ときには、地域のボス猫に追いかけられたり……。家のない猫たちの日常とは、そん

ドリブルの達人
フッ
フッ
ビュン
シタッ

なことの連続のように思えるのですが、何か食べるものにありつくことができたら、その喜びで、空腹だったつらさを塗り替えることができる。ふっくらとした草の上で眠れたら、冷たい雨に打たれて歩いたことも、雨が止んだら、雨が降っていたことさえも忘れられるということなのでしょうか。

「猫は、うれしかったことしか覚えていない」

獣医師から聞いたその言葉は、以後、私の心に生き続けています。猫は、過ぎたことを引きずることなく、うれしかったことを積み上げて生きていくのです。

猫は、好きをおさえない

コウハイがコウハイという名前になる以前、動物愛護団体で「サバロン毛」と呼ばれていた頃。トライアル期間として、はじめて我が家にやってきたときから、先住していたのが豆柴のセンパイ。「犬と猫が仲よく暮らせるのか」というのが一番不安だったことですが、サバロン毛は、噂(うわさ)通りの変わった子猫で、初対面の犬に臆することなく、一目見て、センパイのことを大好きになりました。

我が家でのはじめての夜も、家の中をパトロールしたあと、迷う様子もなくセンパイの背中に乗り、そのまま朝まで眠りました。夜鳴きもせず、誰かを恋しがって鳴くこともありませんでした。

それからも、ひとり遊びをしていても甘えたくなるとセンパイに近づき、おなかのあたりでもそもそと動き、そのうちにぴったりとくっついて寝てしまう。小さな頭と心で「ボクはこのひと（センパイのこと）が好き。ずっと一緒にいるんだ！」と決めていたようです。そして、めでたく（と思っているのかわかりませんが）「コウハイ」という名前になり、センパイコウハイの姉弟コンビとなりました。

　身体の大きさがセンパイと変わらないくらい成長してからも、コウハイはセンパイのあとをついて歩き、同じベッドで寝るときには「うれしくてたまらない！」という顔をして眠っていました。

　鶏のささみなど、2匹でおやつを食べるとき、コウハイは特別うれしそうです。夢中で食べているセンパイに「これ、おいしいね！」としがみつく。好きなひとと同じものを食べ「おいしい！」という気持ちを共有できるのは、最高にしあわせな瞬間ですよね。その気持ちは理解できますが、食べている最中にしがみつかれるセンパイは大迷惑で、教育的指導をされることも。

　センパイはもう11歳なので、その愛を多少過剰に感じ、ときどき距離を置いていることもあります。それでもコウハイは愛を叫びます。「好き！」と思ったら、その瞬間に表現して伝える、それがコウハイスタイルです。

ペロン
ペロン
好きやの
好きやの

でも好きすぎて噛んでまうので
ガブ
キャメャ

猫は、たっぷり時間をかける

コウハイは棚の上に置かれているものをよく落とします。我が家にやってきて、1ヶ月ほど過ぎた頃から幾度となく。はじめて棚に登ったその日から。最初のうちは「子猫だから、おもしろがってやっているのかな」と思っていましたが、6歳になった今でも、せっせと落としてご満悦。

大切に飾っておいたものを落とされて、割られて、腹を立て、泣いて、私はコウハイに文句を言いました。「ちょっとー、どういう了見よ？　これ、大事なものなんだからね！」と声に出して訴えてきました。でもコウハイは「は？　何のことです？」とすまし顔。聞こえてすらいないような態度。次第にあきらめ、「落とされて困るものは置いてはいけない」ということを学びました。

コウハイは相変わらずものを落とし続けていますが、やがて私は、声を荒らげることはせず、「あぁ～、またやられた～」と心で泣くことを覚えました。最近では、感情にさざ波も立ちません。「あ〜、落とすよねー。だって、そこにものが置かれているんだものねー」

「慣れ」でしょうか、「麻痺」でしょうか。この6年間、拾い続けてきた私には、このような気持ちの変化がありました。もはや、無の境地。

棚の上に置かれているものの中で、コウハイの餌食となるのは、崎陽軒のシウマイに入っている醤油入れのひょうちゃん。アーティストの藤井敏雄さんが作ってくれた木製の犬のオブジェ。フェルトのマスコット人形……。

どれも、コウハイが丸めた前脚で、チョイと引っ掛けるのにちょうどいい大きさ、軽さ。あちこちに飛ばして落として、楽しそう。ものを落とすことがおもしろい？　私が拾うことに満足してる？　コウハイの気持ちに変化はあったのでしょうか。

同じことが繰り返されることで、私はコウハイに教育されているのかもしれません。いちいち腹も立てなくなり、めげなくなりました。

猫は、自身を理解してもらうために、たっぷり時間をかけるのです。

絶対に踏まず
落とすこともなく
歩くことだってできるのよ

猫は、手柄にしない

我が家で一番の早起きは犬のセンパイ。彼女の腹時計はとても正確で、夏でも冬でも5時になると目を覚まします。ベッドの上でもそもそ動き出したかと思うと「ねえ、朝ですよ、そろそろ朝のごはんをくださいよ」とオットにアプローチ。20分くらい激しくアタックされて根負けしたオットがふとんから這い出し、センパイとコウハイのごはんの準備をする、というのがここ何年もの間、いつもの流れ。

しかし、センパイは10歳を超えた頃から、ときどき寝過ごすようになりました。本犬はすやすやと気持ちよさそうに寝ているのですが、心穏やかでないのはコウハイ。コウハイは根っからの後輩気質なので、センパイを差し置いて、自分が飼い主を起こすようなことはしません。でも、朝ごはんが遅れることは、できるだけ避けたいのです。そこで、コウハイは少し早く起きて、センパイが寝過ごさないように注意を払うようになりました。

5時になってもセンパイが動き出さないときは「ニャ！　ニャ〜！」と控えめに鳴きます。「朝だよ、朝が来たよ〜」と知らせているようです。それでも起きないと、センパイのしっぽや背中をちょいちょいと手でノック。ときには噛んでみたりもします。「ん〜、これでも起きないの？」そんなときには、少し離れた棚の上からセンパイの横にダイブ。「どすん！」と同時に「はっ！」、さすがのセンパイも驚いて飛び起きるのでした。

「寝坊しちゃったわ！」とセンパイは大慌てでオットを起こし、無事に朝ごはん……となるのですが、コウハイは、慌てているセンパイの後ろから悠々とついていくだけ。「ボクが起こしたんだよ〜」なんて主張することはありません。顔色も変えずに、何事もなかったかのように淡々と朝ごはんを食べています。

猫は、一歩下がってポーカーフェイス。手柄を吹聴することなどありません。いいこともそうでないことも、過ぎたことはすぐ忘れます。

猫は、女神をつかまえる

わたしの名前は月子、三毛猫です。フランスで生まれて、ヨーロッパの猫らしく、体格は大きめ。パリのセーヌ川沿いにあったペットショップに並べられていたとき、日本人の女の子がわたしを買ってくれました。

お互いに人見知り（猫見知り？）同士、ぎこちなくも平穏に過ごし、やっと気心も知れた頃のこと。飼い主がパリの部屋を引き払い、帰国することになったのです。もちろん、わたしのことも連れて帰ると。

いよいよ引っ越しとなって、日本がどこにあるのか、どんなところなのかまったく知らなかったけど、わたしはケージに入れられ、空港というところに行きました。そこには受付があって、飛行機の中に持ち込む荷物を調べられたりします。もちろん、そのときは飛行機というのがどんなものかも知らなかったけれど。

タクシーにて
ええっ
6匹も!?
猫ちゃんは
わたしが
運びましょう
うちも
6匹
いるんですよ

係のお姉さんが「あら、猫がいるの？」なんて言ってわたしを覗くから、とてもびっくりしてしまって。これから先もこんなことが続くのかと、絶望的な気持ちになりました。でも、わたしの飼い主がお姉さんにある相談をしました。「あのー、できれば、一番前の席にしてもらえませんか？　そうしたら、少し広いから、猫がいることで他のお客さんに迷惑をかけなくて済むかもしれないから……」何だかわたしのことを心配しているみたい。

そしたらお姉さん、少し困った顔をしながらも策を練ってくれて、何と「前は無理だけど、一番後ろの席をふたつ用意してあげる」と申し出てくれたんです。「ひとり分のチケット代しか払えません」って飼い主は慌てていたけど、お姉さんは笑って「ボンボヤージュ」。

飛行機に乗り込むと本当にわたしの席も用意されていて、飼い主とふたり「こんなラッキーなこともあるのね。よかったね」って。心細そうにしていた飼い主も少し安心したみたい。「猫を機内に出すのは無理だけど、ケージを開けてなでたりするのは大丈夫よ」なんて声をかけてくれるＣＡさんもいてうれしかったわ。みんなの気持ちに応えなくてはと、わたしはひと声も鳴かず、トイレもせずにじーっといい子にしていました。そして無事に日本に来ることができたのです。

思えば、ペットショップにいたわたしを見つけてくれた飼い主もそうだし、空港の係のお姉さんもそう。猫には「ここ！」というときに、どこからか女神が現れて、微笑んでもらえることがある。ありのままで、今を生きているからかな。

猫は、まっすぐに表す

コウハイと暮らしはじめてしばらく経ったある日、聞いたことのない不思議な音がどこからともなく聞こえてきました。「何の音かな？」そう思っているうちにその音は止んで、しばらくしたらまた聞こえてきたのです。低音でくぐもった、ぜんまい仕掛けのおもちゃが止まる前のような音。「もしかして！」そう気づくまでには時間が必要でした。本などでは読んだことがあった、「猫はゴロゴロと喉を鳴らす」。きっと、この音がその「ゴロゴロ」です！　想像していた以上に低音でした。

喉を鳴らすのは、機嫌がいいときだそうで、コウハイは「コウちゃん！」と呼ばれただけでもゴロゴロと喉を鳴らすようになりました。単純。あごのあたりをなでられたり、好きなおやつをもらったりすると、一層盛大に響きます。

ところで、この「ゴロゴロ」はどうやって音が出ているのか解明されていないそうです。「喉を鳴らす」と言われているけど、本当に喉から発しているのかもわかっていないとか。息を吸ったり吐いたりは関係なさそうだし、声帯からだとしても普段の「ニャ〜」とは全然違う音（声？）。喉もとから聞こえてくるような気もしますが、身体全体から共鳴しているように聞こえるときもあります。

しかし、機嫌がいいときにゴロゴロというのは本当で、それはコウハイを見ていればわかります。「うれしいよ！」「しあわせ♡」と表さなくても、喉をゴロゴロさせることで（させる、ではなくて自然と鳴ってしまう？）ちゃんと自分の気持ちを相手にまっすぐ伝えているのです（何でもすぐ喜び、うれしがるので、コウハイは、我が家では「ちょろ猫」と言われています。ちょろい猫の意味）。

素直な意思表示でもうひとつ。コウハイは、大好物を食べるときには「うーうー」と唸り声を上げながら食べます。「おいしー、おいしいぞー！　誰にもあげたくないよ！　ひとりじめしたいぞー！」という意味です（たぶん）。

私たちの食卓から盗んだ獲物（魚など）を食べるときも「うーうーうー」と凄んでみせます。逆に、この唸り声で「何か盗ったね？」と私に気づかれて……。間抜けな展開になるのですが、こんな健気でまっすぐなところが大好きです。

ちょっと触っただけなのに
気持ち良くなってしまう

猫は、チャンスを逃がさない

あの日は朝から、家人が慌てているので、ぼくは少し驚きました。ぼく？　猫のせな、10歳のオスです。白い毛にちょちょいと茶色が混じってる。鼻としっぽはこげ茶色。家人とふたり暮らし。家人は毎朝仕事に出かけ、夜遅めに帰宅します。

あの日の前夜も「せな〜、ただいま〜！」と機嫌よく帰ってきました。途中のスーパーで買い物をしてきたのか、手にはレジ袋。

ぼくは、遊んでもらおうと待っていたのですが、気がついたら家人は寝てしまっていたのです。「何だ、つまんないな……」あきらめてリビングに行くと、テーブルの上には、さっきのレジ袋。近づいてみると、買ってきたものが入ったままでした。

「これって、冷蔵庫にしまったりするものなのでは？」そう思いながら、袋の中を覗いてみると妙に魅惑的なものがありました。生でいい匂いがして、忘れていたぼくの狩猟本能が、ピピッと反応しホワイトアウト。気がついたときにはその生のいい匂いのものを全部食べていました。「あぁ、おいしかった。久しぶりに満足したなぁ！」そう思い、いい気持ちで寝たのです。

「きゃ〜、せなー！　ウソでしょう？　大丈夫なの、せな！」

翌朝、家人はひとりで大騒ぎ。ぼくは何のことやら見当もつきませんでしたが、家人の言葉で思い出しました。

「せな、大丈夫なの？　おなか痛くないの？　せな、豚肉食べたんだよ。生の豚肉、300グラム、完食しちゃったんだよ！」

「あぁ、昨夜（ゆうべ）のひんやりした食べ応えのあったかたまりは〝豚肉〟というんだね。うん、あれはおいしかったよ。300グラムって何？　おいしかったから全部食べたよ。ごちそうさまでした。おなかは痛くもなんともないよ。むしろ絶好調！」

そう伝えたつもりだったけど、家人の耳には届いていなかったみたい。

家人はぼくのことを「感情の起伏がないというか、せなは常に機嫌がいいんです。

喜怒哀楽の、喜と楽だけで生きている、ぽわんとした能天気な猫」と周囲の人に言っているみたい。まぁ、確かにそうなんだけど「ここ!」というときには思い切りやりますよ。

チャンスは逃がさない、だってぼく、猫だもの。

ドライマンゴー
一袋全部
食べたことも
あるんだぜ

ゲフッ

猫は、伝えあう

港が近い街に住む友人宅に、長年通ってくる猫がいました。毎日訪ねてくることもあれば、1週間以上姿を見せないこともある、気まぐれな訪問者。どこかで飼われているのかもしれないし、友人のように、飼ってはいないけれど、来ると拒まず（むしろ歓迎して）面倒を見る家が何軒かあるのかもしれません。

ごはんだけ食べて帰るときもあれば、泊まっていくときもある風来坊の猫。白い身体にテンテンと薄墨を落としたような模様。その猫が、あるときから子猫を1匹連れてくるようになりました。明らかに姿が似ているのでどこかで産んだのでしょう。子猫は、三歩下がって母猫の影を踏まない程度の距離を空け、ちょこちょことついて歩きます。

その子猫の目が、明らかに具合が悪そうな日がありました。涙でぐしゅぐしゅで、目やにも目立ちます。元気はあるようですが、「何とか目を治してやらなくては」と、友人は動物病院に相談に行きました。

「診てみないと何とも言えませんが、目の周りに外傷もないようならば、とりあえず点眼薬で様子を見るしかないですね。抱っこができるようなら、家に来たときに試してみてください。野良猫なら細菌感染かな。鼻や気管支の影響が目に出ることもあります」

友人は子猫を抱っこするのも猫に点眼するのもはじめてでしたが、ここは腹をくくりました。

次に猫の親子がやってきたとき、子猫の目はまだ大変そうでした。そこで、ごはんが終わって、母猫と少し離れてくつろいでいるのをひょいと抱き上げ、即、点眼。その素早さに子猫も母猫も「何が起きたかわからない」という様子だったとか。数日間、何度か点眼をするうちに、子猫の目はみるみるよくなり、もとのかわいらしい瞳が戻ってきました。友人もひと安心。すると、しばらくして知らない黒猫の母子も訪ねてくるようになりました。見ると、子猫の目の様子がおかしい。そこで、友人は、また、

兄弟でも
海苔好き と 興味ナシ がいる

クチャ
クチャ

へんなの

はりきって点眼。無理かと思った抱っこも難なくさせてくれて。そしてまたしばらくすると、目を患った子猫を連れた三毛猫が現れて……。

友人はこう言うのです、「野良猫にはネットワークがあって〝子猫の目がただれたら、あそこに連れていくと治してくれるよ〟って伝言が回っているんじゃないかと思うんだよね」。あぁ、なるほど。猫会議ではそんな情報交換もされているのかもしれません。

猫は、用心深い生きものですが、ときには素直に助けを求めることを、してもいいのだと知っているのです。

猫は、ひるまない

猫と暮らして、彼らの行動範囲がこんなにも広く自由自在なのだと知り驚きました。コウハイは我が家にやってきたときから、果敢に家じゅうをパトロールし隅々を調査。そして、窓が少しでも開いているものなら迷わずベランダへ。「あー、だめだめ、危ないよ!」私は子守りのばあやみたいに後ろをついて歩き、あれこれたしなめました。しかし、ともに暮らすのに慣れてくると、お互いにさじ加減がわかってきます。コウハイも「これくらいなら叱られないぞ」と思うし、私も「あれくらいなら危なくないかな」と推し量るようになってきて。絶対に危ないところは「いけない!」と言うけれど、いわゆるグレーゾーンが増えてきているのも事実です。

ある夏のこと。どこからか「ニャ〜ン」とコウハイの声が。家の中を探しても見つからず、不思議に思い、ふと窓を見たら網戸が破られていました。「まさか!」どきどきしながらベランダに行くと、また「ニャ〜ン」、鳴き声が近くなりました。

!?
なぜうちの猫が外に?!!
よっ
2階から飛びおりたの

コウハイはマンションの隣の家のベランダにいました。現在は人が住んでいないので、何も置かれていない広くきれいなベランダの真ん中で寝転び、身体を伸ばしてくねくねしています。さっき聞こえていた鳴き声は少し不安そうだったのに、私の顔を見たとたん、おなかを出して「ミャ！」。「遊ぼう！」と誘っています。何と不届きな。

おやつで釣ろうと試すもうまくいかず、私は覚悟しました。ベランダの手すりをつたって、隣に不法侵入です。コウハイを驚かさないようそーっと、何事もなかったかのように平静を装い、そろりとベランダに着地。慎重にコウハイを抱きかかえ、また来た道（手すり）を必死で戻りました。

コウハイは、自分の冒険に大満足。さっそく、センパイに見聞を報告しています。見ている側がひやひやするようなことを、猫たちは軽々とやってのけます。

しかし、彼らは飼い主を驚かせようなどと思っているわけでもなく、自分の気持ちに正直に暮らしてるだけ。

猫は、今を噛みしめる

センパイの散歩コースの途中にある神社に、猫が住んでいました。どこで生まれてなぜここにいるのかわからないけれど、いつの頃からか姿を見せるようになったのです。人に臆することなく、どこからともなく「げんき〜？」とやってきてはごろん。おなかを見せては「なでて」と催促する人懐こい猫で、ごはんを運んでくれる人も何人かいたようです。

ときには「今日はどこまで行くの？」と散歩についてきます。「クルマが危ないから、こっちにこないほうがいいよ」と言うと、「あ、そう？　じゃぁ帰るね」と神社に戻る不思議な猫。私のように友だち付き合い（？）している人もいて、近所のみんなに愛されていました。

寒い日や天気の悪い日には心配になり、我が家に迎えようかと本気で悩みましたが、踏みきれずにいたとき、神社で会わない日が続きました。気になっていたら、神社の近くの親切なご夫婦の家に引き取られたと知りました。「あの子に家と家族ができた」と喜びましたが、会えなくなるのは少し寂しくもあって……。

しかし、猫は野良時代の名残りか、今もふらりとパトロールに出るようで、ときどき道で見かけます。「あ、ども」という感じで、知っているふうに反応はしてくれますが、あの頃のように「ねぇ、なでて！」なんてことはありません。

「私たち仲よしだったじゃない？」と近寄ってみるも、「あ、まぁ。でも……」という感じで躊躇（ちゅうちょ）し、少し距離を置こうとするのです。

現在の飼い主さんに聞くと、「最初に家に連れて入ったときから、すぐ2階まで上がったんですよ。ごく自然に当たり前のようにして。今では一番偉そうで、主のようにしてますよ。冬はホットカーペットが大好きで」。何という順応力でしょう。

以前のように愛情にも飢えていません。顔見知りのことは忘れたわけではないけれど、あの頃はあの頃……。それだけ「今のしあわせ」を精いっぱい味わっているんですね。

カカカカカカカカ
カカカカカカカカ

猫は、人を踏む

コウハイは抱っこされるのがあまり好きではありません。抱き上げようとするとこちらをチラリと見て、面倒くさそうにしますが、私はひるまず抱きかかえます。すると、しばらくはおとなしくしていますが、やがて「もういいよね？」という顔をして、腕からスルリと抜けていく。

でも、私が長時間出かけていた日には、やけにくっついてきたり、自ら膝に乗ってきたりする。「甘えん坊なのにクール！　どっちがほんとのコウちゃんなの！」後ろ姿にそう声をかけつつ、私はいつも少し不満です。押し引きが絶妙で、人間はその緩急に心揺さぶられ、猫の虜となってしまうのでしょう。

眠るとき、センパイはふとんの中に入ってきます。私は横向きで寝るので、おなかか膝か「く」の字になったどちらかのくぼみに入り込み、丸まって寝ます。

枕元のあたりにやってくるコウハイは、「コウちゃんもどうぞ」と毛布を持ち上げて促すも、「いや、いいです」と中に入ってはきません。毛布にはお尻のあたりをちょっとだけ入れて、私の顔の横や肩のあたりにどっしりと腰をおろして眠るのが常。なでるとすぐにゴロゴロ言うので、私もうれしくなって続けると、コウハイももっと激しくゴロゴロ喉を鳴らすのでした。コウハイのロングヘアに顔を埋めて眠るのは至福を感じる瞬間です。

なのに、夜中に私の頭や顔や身体の上を平気で歩く。悪夢にうなされ、息苦しくて目を覚ましたらコウハイが胸もとにどっしりと座っていたり、そんなことも多々。嫌がらせですか？　さっき、あんなに甘えてきたのに、すぐにどしどしと私の身体を踏みつけていく……。私を好きで頼りにしてくれているのか、それとも疎ましく思っているのか、いったいどっち？

距離が縮まったと思える瞬間もあるけれど、また一気に遠くなったと感じることもあり、どうももやもやします。

しかし、動物愛護のイベントで作家の町田康さんがこうおっしゃっていました。

「猫は、人間の顔だけを人間と思っており、首から下は台だと思っている」そうか、そうに違いない！　コウハイは、たぶん私の頭さえも台だと思っています。好き嫌いに関係なく、猫は、人のことを踏みつけるのを何とも思っていないのです。

ずん、ずん。

首はちょうどいい
クッションだと思っていーます。

猫は、役目を果たす

「今日はどんな人が来るのかな」そう思いながら、毎日ゲストを待ってる、あたしはたらちゃん。チェンマイの郊外、静かな村にあるゲストハウスで暮らしている猫。

広い敷地にぽつんぽつんとコテージが点在し、草の香りを嗅ぎながらのんびり眠れる芝生もあるし、風に吹かれたいときに登る木もある。プールもあるの（あたしは見るだけだけど）。

ここには、毎日いろんなお客さんがやってくる。ショートステイの人もいるし、「帰るの忘れてる？」と思うくらい長く滞在する人も。「いらっしゃい」部屋まであいさつにいくのがあたしの役目。「わぁ、来てくれたの」と喜んでドアを開けてくれる人が多いけど、「あ、猫がいるよ」と言うだけの人もいる。

あたしを歓迎してくれるゲストの部屋では、少しゆっくり過ごします。「うちにも猫がいるのよ。今頃どうしているかしら？」なんて話をしてくれる人や、「ここは楽園だねぇ。いいねぇ、こんなとこで暮らして」とあたしをうらやむ人。あと、「ごめんね。今日はおいしいもの、何もないのよ。明日、市場で買ってくるわね」なんて言う人……。にんげんには、いろんな人がいるね（あたし、そんなにおなかが空いた顔してた？）。

この前はね、東京から大勢でやってきて宿泊してった女の人たちがいたの。いつものようにあいさつにいこうとしたら、途中に庭先で見つかって、「いたー！」と捕まえられたの。あたしを待ってたみたい。「キャー！　タイラメちゃん！」「タイラメちゃん！」と大騒ぎ。タイラメちゃんて誰？　あたし、たらちゃんだけど。どうやら、この中に、前にもここに泊まった人がいて、あたしのことを覚えてたみたい。「目が平らだからタイラメ」だって。勝手に名前を変えられちゃった……。みんながとても喜んで歓迎してくれたから、気をよくしてその夜はこの部屋に泊まることにしたの。そしたら「泊まってくれて、ありがとう！」だって。それは、こっちのセリフなのにね。

あたし「あ。この人たち。明日、朝になったら帰るんだなー」って、わかるのよ。

長年の勘？　というより、少しずつ片付けをはじめたり、「迎えのタクシーが」なんて話をしているから。木陰で昼寝をしていても、スーツケースを引く音が響いてくると「あ！」と目が覚める。

迎えのクルマが着くのは、南か北の入り口だから、そのどちらかに行き、お見送りをします。チェックアウトをしてるゲストの背中に「ニャ！」と声をかけると、「わぁ、もう会えないと思っていたのに」なんて言って喜んで、そして悲しそうな顔になったり。

あたしの役目は、「来てくれてありがとう」「また会いましょう」「それまで元気でね」を伝えること。

別れを惜しんでくれるのは、ここを楽しんでくれたってことでしょ。あたしはそれがうれしい。

猫は、とことん挑む

「食事中に、猫がテーブルの上に乗ってくるのは、さすがにどうなの？」そう思っていました。なので、コウハイにも「テーブルの上には乗らないで」としつけるつもりでいたのです。

しかし、長年、猫と暮らしている年上の友人から「猫をしつけようなんて、無理！無駄な抵抗はやめなさい」と言われ、しつけをするのをあきらめました。それ以来、どちらかというと人間が猫に合わせるスタイルで暮らしています。

コウハイは成長するにつれ、先住犬のセンパイに倣(なら)うことが多くなり、年々食いしん坊になっています。子猫の頃は、食べるものにもそれほど興味がなかったのに、最近では、ツナ缶を開ける音に反応して駆けつけます。その速さはセンパイ超え。そして、食欲の増進とともに、コウハイはテーブルの上にもますます興味を持つようにな

起きるまで永遠に布団を叩く

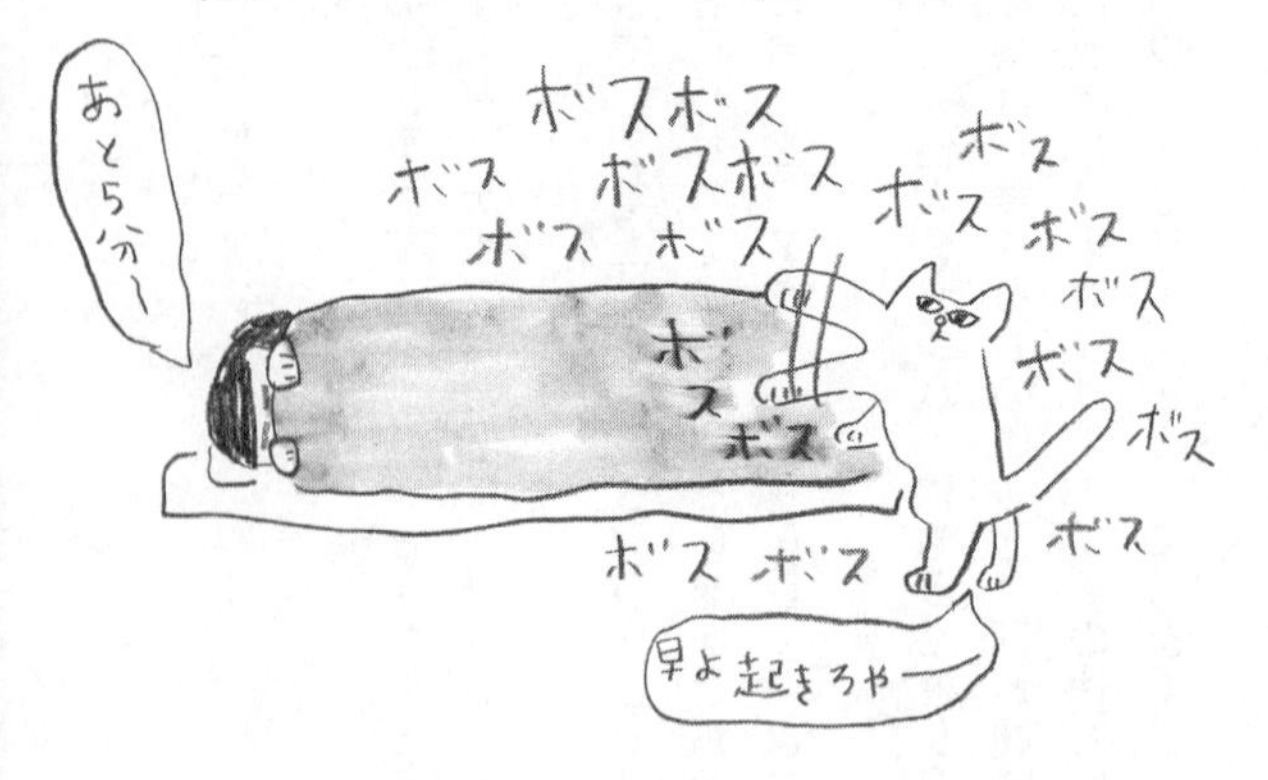

りました。

夕食のときは、ずいぶんと前からテーブルの上に乗りスタンバイ。お箸や食器を並べるのをしれっと監視し、ランチョンマットの上に腰をおろしていることも。

隙あらば、瞬速でハントします。肉や魚はもちろん、枝豆、海苔などもコウハイが狙う獲物となります。テーブルに乗るコウハイを「NOだよ～」とやんわり諭し、下ろす。しばらくするとまた、コウハイはテーブルへ。そして私は「さっきも言ったでしょ」とまた下ろす……。

コウハイにとっては、この繰り返しが、食べたい欲と、ハンティングを楽しむ気持ちと、私に反応してもらえるのとで、テンションがアガる三拍子が揃い、とても満足そう。大変なのは、それに付き合う私のほうですが、コウハイはやめようとしません。以前、上がっては下ろすのが何回続くか数えてみたら、夕食前後で35回。これでは食べた気がしません。

来客のときは、私のガードが弱くなることもわかっていて、お客さんとテーブルを囲んでいるときにコウハイが挑みハントしたのは、お鍋をしているときのしらたき、お酒を飲んでいるときのお刺身、撮影後にお茶休憩をしていたときのクリームパン、カレーパン、おまんじゅう。

書いていて冷や汗が出ます。なんと図々しい。腹も立ちますが、とことん攻めてくるコウハイに、私もとことん付き合うつもりです、これからも。喧嘩上等。

猫は、猫と仲よくなる

私が子どもの頃のこと。家の隣には、食料品を扱うお店がありました。おつかいを頼まれて日参していましたが、お店には看板娘の三毛猫がいました。猫の名前はタマ。タマはいつも、お会計をする台の上か、カレールーが並べてある棚のあたりにいて、内気だった私は、心の中で「タマ、げんき？」「タマ、うち、今日はカレーだよ」「タマ、バイバイ」と話しかけていましたが、タマには不思議とそれが伝わっているように感じていたものです。

一方、家の前には食堂がありました。動物好きの一家のようで、車庫の中で犬を飼っていましたが、やがて小さな猫も飼いはじめたのです。ある日の夕食どき、「前の食堂には猫がきて、マツという名前にしたらしい」と母が言うと、父や祖父母たちは「おー」と軽く驚き、なぜか一瞬、不思議な空気が流れたのでした。

翌日、前の食堂を覗くと、噂通り猫がいました。小さなキジトラです。私は猫がいることを確認し、満足して家に戻りました。マツは、食堂のおじさんの知り合いの家で生まれたのだそうです。すくすく成長し、いたずらなやんちゃ猫になりました。悪さをするのでしょう、「こら、マツ！」と、ときどきおばさんの大きな声が聞こえてきたものです。

後年、知ったことですが、食堂のおばさんの名前はタマヨ。食料品店の猫の名前が「タマ」であることが気に入らず、自分の家に猫を迎え、猫に食料品店のおばさんの名前である「松子」から「マツ」と名付けたのでした。そんな事情を知らない私は、「タマちゃーん！」「マッツー！」と呼んで親しんでいました。

飼い主同士の事情など、猫にとってはどうでもいいこと。タマとマツはとても仲よしで、よく一緒に日なたぼっこをしていました。

正式名称が
とてつもなく長いこともある。

「小倉抹茶クロミツ
ウィズ生クリーム三世」

猫は、自分で癒す

正月明けの寒い時期に、コウハイが体調を崩したことがありました。明らかに元気がないのです。食欲はそこそこあるものの、何かにじっと耐えて、どこか途方に暮れているような。

本能なのでしょうか、あちこち動き回ることもなく、「できるだけエネルギーを消費しないでおこう」という様子。トイレでの便りをじっと待ち、うなだれて、猫背をますます丸くして、健気にトイレ通いをしています。

やがて、コウハイのトイレにちょろりとピンク色をした尿を発見したので「これは噂の……？」と動物病院に連行。思った通り、診断は尿路結石でした。薬を処方してもらって温かくして安静に。帰宅して、コウハイはカイロを入れたベッドで昏々（こんこん）と眠り続けました。

ときに、神妙な面持ちでトイレに行き、またベッドに戻って目をつぶる。そのまったく無駄のない動きに、私は感動しました。目を閉じて、自分の身体と対話する以外は「無」。まるで修行僧。寝返りをうつことさえもしません。癒えるのをただじっと待っているのです。

数日後、目にも生気が戻ってきました。治療の甲斐あり、時ぐすりも効いて快方に向かうと、ベッドの中にいてもちょこちょこ動き、脚を伸ばしたりするようになりました。的確な診断と治療の成果であることはもちろん、「治る」と信じる力がより治癒力を高めたのでしょう。病を治すというより、闘病の疲れを癒すような、少し余裕を感じさせる寝顔です。やがて、顔色もよくなって「もう大丈夫！」と確信を得たようで、コウハイはベッドからむくっと立ち上がり、彼の闘病生活は終わりました。

まんまるの目を輝かせて「おなか空いたな！」という顔で佇（たたず）んでいます。

ティッシュは全部
出してしまう

猫は、恩を返す

キジオは拾われた猫でした。事故に遭い瀕死の状態でいたところを、通りがかった愛猫家が救ったのです。野良猫でもなさそうだったので、病院で治療を受けながら、手を尽くして飼い主を探したけれど見つからず、そのまま愛猫家の家で暮らすことになり、キジトラだったのでキジオという名前になりました。愛猫家の家には先住の猫がおり、キジオが4匹目でしたが、年齢はたぶんキジオが最年長。ほかの3匹は中年のメス猫。4匹はほどよい距離を保ち、互いに干渉せずに平和に暮らしていました。

あるとき、愛猫家がまた猫を拾ってきました。今度はやっと乳離れしたくらいの子猫が2匹。子猫はおかあさん猫が恋しいのか、先住のメス猫のもとへ寄っては甘えようとしました。

しかし、この家のメス猫たちは「冗談じゃないわよ。何でわたしが今さら子育てしなくちゃならないワケ？」と完全に拒否。中には近づくだけで威嚇する猫もいました。

どうなることかと気を揉んでいましたが、キジオが子猫たちを受け入れました。

キジオはオスでしかもおじいさん猫（推定12〜13歳）でしたが、お乳を欲しがる子猫に自分の乳首まで提供しています。何と心が広い。来るものを拒まず、すべてを受け入れ、あれこれ世話を焼き、子猫の面倒を見ていました。

子猫は2匹ともオスで、この家の猫構成は、メス3匹、オス3匹となりました。メスたちは相変わらずの個人主義を貫いていましたが、オス3匹組はキジオを中心にまとまり、今度は、成長した子猫たちが、老いたキジオを支えるようになりました。

キジオは瀕死のところを助けてもらった恩を、子猫育てをすることで返す。子猫たちもまた、老いたキジオの面倒を見ることで、育ててもらった恩返しをする。猫も義理をわきまえているのです。

各々好きな場所で眠る

猫は、当たり前に忘れる

子猫だった頃のコウハイは、よくキッチンの調理台の上にいました。そのたびに「ここはだめだよ」と下ろしていましたが、気がつくとシンクの中に入っていたり。コンロの脇でぼんやりしているときは「何待ち？」と声をかけて笑っていました。

あるとき、コウハイのヒゲの先が焼けたようにチリチリ縮れているのを見つけました。きっと火がついたコンロを覗いたときに焼けたのでしょう。私は「これはもっと気をつけておかないと危ないなぁ」と思いながら、ヒゲの縮れた部分をはさみでチョンと切りました。

このことを猫好きな友人に話したら、少し驚いたような顔で「それでコウハイは何でもなかったの？」「うん。やけどはしてなかったよ」と私。生まれたときから猫と暮らしているという彼女は、何だか複雑な表情を浮かべ私にこう言いました。

「ヒゲって、猫にとってけっこう大切なものなんだよ。アンテナのような働きをして、狭いところもヒゲの長さで通れるかを判断したり、風の流れを察知したり。だから、大切なヒゲを切られて、コウハイはダメージがあったと思うよ」

「へぇ、そうなんだ！　知らなかったよー。コウハイに悪いことしちゃった」と私は反省しました。

それ以来、猫のヒゲには気を配っている（つもりの）私なのですが、ヒゲを切られたコウハイはまったく気にする様子もなく、いつも通りに過ごしています。先日もキッチンにやってきて、コンロの横に陣取って……。コウハイにとって「ヒゲを切られて平衡感覚が違っちゃった」なんてことはないのでしょうか。

やはり、猫って、忘れる動物？　何かに熱中すると（この場合はコンロへの好奇心）、あと先のことなど気にしないのですね。

ストーブに
近づきすぎて
ヒゲ
チリチリ

猫は、タイミングを待っている

野良猫の平均寿命は４歳といわれています。交通事故のほか、冬の極寒や夏の酷暑で命を縮める猫たちが多いのです。そんな環境の中で、すみれはもう3年近く百合子さんの家の庭にやってくる通い猫でした。

朝、庭の花壇の脇にキャットフードをお皿に盛って置いておくと、すみれはふらりと現れて、昼頃にはお皿はからっぽに。午後は芝生の上や軒下で昼寝、ときには塀の上で、百合子さんが買い物から帰ってくるのを待っていることも。以前は、夕方も朝と同じ場所にキャットフードを置いていたのですが、最近では、夜になるとたぬきかハクビシンが出ると噂があって、夜のごはんは中止となったのです。その分、朝のごはんを少し多めに盛るのが百合子さんの決まりごと。夕方には姿を消すすみれでしたが、どうやらどこかの飼い猫でもないようです。

こんな付き合いが続き、百合子さんもひとり暮らしなので「いっそ、すみれを家の猫にしてしまおうか」と思ったことが何度もありました。しかし、決心がつかなかった理由がひとつ。「いずれ引っ越すことになるから、猫と一緒の居場所探しは無理」と思っていたのです。夫に先立たれた百合子さんに子どもはなく、「いつかこの家を売り、施設に入ろう」そう考えていたのです。そのタイミングをつい延ばし延ばしにしていたのは、すみれの訪問が続いていたから。

しかし、75歳になったのを機に、いよいよと心を決め家を売ることにしたのです。家の買い手はあっという間に見つかり、百合子さんは、少し遠い、海が見える老人施設に入ることにしました。決めた理由は「ペットも一緒に入居できる」こと。そんな施設があると知り、「ならば、すみれと一緒に入りたい」百合子さんは、そう思ったのです。

引っ越しを2日後に控えた日、それは実行されました。すみれを家の中に入れること。まだ春浅い3月でしたが、ガラス戸を開け放ち、縁側の端にごはんのお皿を置きました。はじめは躊躇し、様子をうかがいながらもそろりと縁側に入ってきたすみれでしたが、いつものようにごはんを食べ、そして空になったお皿の横で昼寝をはじめました。これなら無理なく家に入れられそうです。すみれが寝入ったのを見計らい、ガラス戸を外からそーっと静かに閉めて、すみれを家に迎えることに成功。それは意外なほどにすんなりと。引っ越し前夜、すみれをケージに納めるのは少し難儀でしたが、百合子さんは長年住んだ家をすみれとともに出ました。

「ずっと野良猫だったすみれを、慣れない環境に連れていくなんて無謀かな」そう思っていた百合子さんでしたが、すみれは周囲を困らせることなく、施設での暮らしにもなじんでいるようです。

生まれてはじめて獣医にもかかり、「出産の経験が何度かある」ということがわかりました。年齢は推定で5歳。すみれは百合子さんに甘えることはあまりなく、それぞれ精神的に自立した女同士の対等な関係です。

「私は前からこうして飼われていましたよ」という顔で悠々としているすみれ。彼女も百合子さんとこんなふうに暮らすことを、ずっと望んでいたのかもしれません。

ここは
レストランなのよ

猫は、落ち込まない

コウハイは、誰かにかまってもらいたくて、日々、あの手この手で挑みます。

朝は散歩から戻るセンパイを玄関で待ち伏せ。ドアが開くなり下から鋭い目つきで睨(にら)んでから、襲撃。センパイの首をめがけ、勢いよく飛びつくので、不意をつかれたセンパイは涙目。

昼は、センパイが寝ているところに近づき、耳を噛みます。せっかく気持ちよく寝ているところにちょっかいを出されて、センパイはいい迷惑。辛抱たまらず「ワン！」。叱られると、そこは素直に引き下がるコウハイなのですが、しばらくするとセンパイに近づき、またその繰り返し。

夜は、くつろぐセンパイをめがけソファの上からダイブ。センパイも気分が乗れば「やったわね！」とバトル勃発。コウハイはそれがうれしくて楽しくて、何度も何度もしかけるのでした。

キッチンに立つ私の足を突然噛んだり、トイレに行こうとするオットの前に、棚の上からおもちゃを落とす。仕事をしているときも、執筆中のパソコンの上にどっしりと座ってみせる。

あれこれアタックを試みるも、センパイにもオットにも私にも、しっかりかまってもらえるのは3回に1回くらい。いや、4回か5回に1回くらいでしょうか。しかし、ちょっかい出すも相手にしてもらえなかったら、それはそれ。「遊んでくれない」と腹を立てることもいじけることもありません。

コウハイは、何事にもフットワークよくアタックし、玉砕しても気にもせず、それはそれ。粘るなんて野暮はせず、だめならだめで、ハイ、次回にチャレンジ。

猫は余計な力みが抜けています。めげないし、落ち込まない。そして、前向きに明るくあきらめるのです。

ドドド
ドドド
わたしは今そんな気ないの
バッ!
ドドド
ドドド
じゃ!
ひとりでやります!

猫は、ときを悟る

13歳のクーラが寝たきりになって2日。数ヶ月前からの闘病生活で、6キロあった三毛柄の大きな身体も、今ではその半分くらい。もう水を飲むことも、食べることも、立ち上がることさえできなくなっていました。

「今まで、生きることをあきらめたことはなかったけれど、わたしの命はもう少しで終わる」クーラはそう予感していたようです。そして、さっきやっとの思いでトイレに行ったときに、予感は確信に。

「ほんのすぐそこまで歩くのもこんなにつらいのだから、これは〝もう無理にがんばらなくてもいいよ〟ということなのではないかしら」

そして「飼い主を置いていくのは気がかりだけど、彼女の人生の大変なときに一緒にいられたのだから思い残すことはない……」そう、覚悟を決めたのです。

翌朝6時。目覚まし時計が鳴り、飼い主が目を覚ますのを待って「ニャー、ニャー、ニャー！」と3度鳴いたクーラ、これが合図でした。

「わたし、行くわよ！　元気でいてね！」

　このとき、クーラの飼い主は引っ越しを控えていました。長年営んだカフェをいったん閉めて、海辺の街にある実家に戻ることになっていたのです。

　閉店を惜しむ人たちが訪れ、カフェは忙しく連日バタバタ。その最終日前にあった唯一の休日の朝に、クーラは旅立ちました。その日、そのときを選んで、ちゃんと遂行したとしか思えないタイミングは見事。

　犬や猫は人より寿命が短く、別れは避けられないこと。いつか必ずやってきます。

「行き先は別々だけど、お互いに新しい世界に出発しましょう！」それが飼い主へ、クーラからのメッセージ。女王さま気質でプライドが高く、そして聡明だったクーラらしい、潔さでした。

抱き上げた瞬間に

逝ってしまった

猫は、しっかりと気づく

「おかあさんに言われたよ。〝用心深く生きていかなくちゃいけない〟って」「それとね、〝人をすぐ信用してもいけない〟って」そう会話しているのは、写真家・直美さんの飼い猫「つぶ」と「こし」。

2匹は生粋の野良育ちでした。商店街でも人気の美猫、ときどき顔見知りにごはんをもらうものの、誰にも媚びず自分ひとり（1匹）で生きてきた2匹の母猫は、子どもたちにも野良猫のイロハを厳しく教えていた模様。2匹を産んで3ヶ月過ぎた頃、母猫は「あなたたちもひとりで強く生きなさい」ということなのか、子猫2匹を放っておくようになったため、里親に名乗り出た直美さんが引き取ることになりました。

直美さんに「つぶ」と「こし」と命名され（和菓子屋の裏庭で生まれたので）、家の中で暮らすようになったオス2匹は、来てすぐにどこかに隠れてしまい2日間まったく姿を見せませんでした。さぞおなかが空いただろうとカツオや鶏のささみで釣ろうとしても、いっこうに現れない。普通に顔を出すようになったのは、10日以上過ぎた頃。2匹はおかあさんの教えをしっかり守っていたのです。

そんなこんなで、直美さんとつぶとこしがふれあえるようになるまでには1年近くかかりました。臆病で用心深いつぶ、繊細で恐がりなこし、2匹にはある共通の行動がありました。それは、トイレの砂かけをやたら念入りにするということ。

「敵はね、どこにいるかわからないからね。特にトイレのときは用心しなくちゃ。自分の匂いを残さないように、いっぱいいいっぱい砂をかけるんだ」

2匹はそう言っています。もちろん、これも母猫からの教え。大きな便りも小さな便りも、ザーッ、ザッザッ、ザーッとそれはそれは念入りに砂をかける。

「トイレに行くときから周囲をうかがい、安全そうだと見極めてそろりとトイレへ。そのあとは、気が済むまで砂をかける。何回も何回もしつこくやっているんです。あるときは、一度トイレを出たのに戻って、再度砂かけをしていることもありました」

そう笑って話す直美さん。

しかし、2匹が直美さんの家にきて2年ほど過ぎた頃、ぱったりと砂かけをやらなくなりました。トイレで用を足したらそのまま……。

「ぼくたち、気づいたんだよね。この家にはぼくたちと直美しかいないんだよ。家の中に敵はいない。だから、うんちに一生懸命砂をかける必要もないんだ」

2匹はすっかりリラックス、今、危機感ゼロの家猫ライフを満喫しています。

わざわざ飲みにくい
水を飲む。

猫は、したいことしかしない

コウハイが暇そうにしているので、「たまには、遊んでやるか」と、彼が好きなキラキラしたおもちゃをポン！　と足元に投げてみました。「ん？」何度やってもまったく反応してくれません。「何投げてんの？」とでも言いたげに私とおもちゃを見比べ、スルー。隣の部屋に消えてしまいました。

犬ならば「え！　遊ぶの？　わーい、遊ぼう！」と誘いに乗ってくれるはずです（よほど眠くなければ）。我が家の、あまり人のペースに合わせないセンパイでさえ、少しは付き合ってくれるでしょう。なのに、コウハイは遊びたくないときは見事に遊ばない。

しかし、私が原稿に立ち向かっているとき、真剣に本を読んでいるとき、音楽を聴いているときなどに、コウハイは横に来て、いきなり遊び出し、ひとりで盛り上がり、踊りでも踊っているかのようにはしゃぎ、私に迷惑がられることもあります。

絵の具を出しっぱなしに
していた私が悪い

夜中に突然はじまる運動会、棚に飾られているものを残さず落とすこと、トイレの手洗いに座り込むこと。コウハイのやる気スイッチがオンになるタイミングはいまだに読めません。

我が家で取材や撮影があるとき、センパイは協力的。まるで「こんな感じでいい？」と言っているかのように落ち着いてカメラに目線を向け、スタッフに喜ばれますが、コウハイはやる気もなくぼんやり。そのくせ、センパイだけを写したいときに限って、近くにきてしっぽをふっさふっさと振ってみたり……。

猫は、誰かに合わせようという気持ちなど、ありません。気が向いたこと、自分のしたいことしかしないのです。

猫は、心を決める

私が住む区内に、野良猫をよく見かける地域があります。森のような大きな敷地にあった屋敷が解体され、そこで暮らしていた猫たちが居場所を失くし、住宅街へ出てきているようです。

知人の家にも何匹かの猫が通ってくるようになりましたが、その中の1匹に妊娠している気配がありました。庭の隅にダンボールを置いておくと、猫はそこに籠もり、やがて4匹の子を産みました。もしかしたらまだ1歳にも満たないのではないかというような、幼さが残る母猫は、一生懸命子育てをしています。

知人やその地域の有志が置いたキャットフードを自分が食べ、授乳に励み、舐めて排泄を促し、夜は寒くないようにと気を配って……。

私が知人のところへ遊びに行ったとき、母猫が留守だったので子猫たちを覗かせてもらいました。視線を感じて顔を上げると「あんた、見たわね?」。帰ってきた母猫がこちらを睨んで立っていました。警戒して「このまま子どもごとダンボールハウスから引っ越してしまうのでは？」と心配しましたが、その気配はなく、どうやら母猫はやり過ごしてくれたよう。

子猫たちが順調に成長し乳離れとなった頃、地域の有志はかねてより計画していたことを実行しようとしていました。それは「子猫たちを引き取りケアし、里親を探す」ということ。そして、母猫も保護し不妊手術をして知人の家の飼い猫にしようと。

そんなある日、母猫はダンボールハウスの横に立っていました。じーっと家の中を見ています。「どうしたの？　はっちゃん（そう呼ぶようになっていました）」知人が声をかけると、まっすぐ目を見て「ニャ！」と小さく鳴いて、どこかへ行ってしまったのです。それから母猫は帰ってきませんでした。あのときの「ニャ！」は「子どもたちをよろしく」ということ。はっちゃんは「この人に子どもたちを預けよう」と決断したのでしょう。

その後、子猫４匹のうち、２匹は里親が見つかり新しい家へ。あとの２匹は知人の家の飼い猫となりました。

猫は、誰かと比べない

コウハイがうちに来たときには、センパイがいました。もともとの性格なのか、名は体を表すことになったのか、コウハイは後輩気質です。

我が家のルールとして「何事もセンパイから」なので、同じおやつを食べるときも、まずはセンパイがお手をしてからもらい、次にコウハイもセンパイに倣ってお手……。このときは、先に食べてしまったセンパイもコウハイのものを横取りしたりしてはいけない。したら叱られます（私に）。

センパイは5歳になるまで、ひとりっ子（?）として自由気まま、至れり尽くせりの箱入り犬として育っているので、自分が優先されていることも当然と思っている様子です。

「コウハイは、こんな状況を不満に思ったりしないのかな」私は少し気にしていました。だって、子猫のときならいざ知らず、もう立派な成猫になっているし、しかもオスだし、そのへんのプライドはどうなの？　って。

そんな心配をよそに、コウハイはいまだセンパイにすこぶる忠実で、コウハイがくつろいでいたソファにセンパイがやってくると、そそっと場所を譲ります。ときにはからかうようにちょっかいを出したり、態度はえらそうだったりするのに、基本「自分は2番手」ということをしっかり自覚しているようです。センパイが優先されることを普通だと理解していて、それを不満に思うことも疑問に感じることもありません。「ボクだって！」とか「たまにはボクが！」なんて発想は、もともと人間だけのものなのかもしれませんね。

野良猫の世界では縄張り争いもあるようですが、それ以外、猫は、周囲の誰かと自分を比べることはしないようです。

それぞれ見やすいところ
に穴を開ける

猫は、じたばたしない

義母が飼っていた2匹の老猫を預かったことがありました。20歳を超えたメスのジュリとオスのボンボン。義父の飼い猫が5匹の子猫を産んだとき、3匹は里親が見つかり引き取られていきましたが、ジュリとボンボンが残ったのです。

ジュリは頭がよくてしっかりもののお姉さん。ボンボンはのんびり屋の不器用な弟、いつもジュリをお手本に育ってきました。

ジュリは数ヶ月前から病を患い、体調が思わしくありません。「きっと看取ることになるだろう」、覚悟の上での預かりでした。

ボンボンは、もちろん、ジュリの緊迫した状態もわかっていたはず。うちにきてからも、気に留めてはいるようでしたが、気高いジュリが「こっちにこないで!」と言っているのか(そんな空気を漂わせていました)、少し距離を置いたところで心配そうにしていたのです。

でもだいたいは
ジタバタしているけどね

バターーーン

ひー

おこられる、

そして、2匹が我が家にきて1週間ほど経った寒い朝、ジュリはひとりで静かに旅立ちました。

私は、亡くなったジュリの身体を清め、リビングの真ん中に寝かせました。しばらくするとボンボンがやってきて、ジュリの亡骸（なきがら）にそろりそろりと近づきました。そして、枕元に立ち、じーっと長い時間見つめたのち、「フン！」という仕草をして、立ち去ったのです。

それがお別れのあいさつでした。「ジュリはもうここにはいないし、ここで寝ているのはジュリの死骸で、ジュリじゃない」そう自分に言い聞かせているよう。うろたえもせず、悲しい顔も見せません。

ジュリが死んでしまったという真実を自分の目で確かめ、心に刻んだボンボン。それっきり、ジュリに近づこうともせず、何事もなかったかのように、いつも通りに過ごすボンボンでした。

現実は変えられない、慌てず、ただ認めるのみ。猫は、起きてしまったことに、じたばたしないのです。

猫は、本気で戦う

猫の手作りごはんについてレクチャーを受ける機会がありました。そのとき、専門家の先生が最初に教えてくださったことは、「猫は肉食です。それを忘れないでいてくださいね」。

獣医師でもあるその先生曰く「病院に連れてこられる猫の中で、栄養不足が原因で体調を壊している猫が、けっこういるんです」。

ダイエットや腎炎などを予防するためにはじめた飼い主による手作りごはんは、水分が摂れるのはいいのですが、身体を気遣うがゆえにヘルシーになりすぎる傾向があるとか。それで動物性たんぱく質の不足になったりして、被毛の艶がなくなったり、貧血のような症状になる猫がいるとのこと。そこで、手作り食をはじめるときに頭に入れておくべきは「猫は肉食」。

また、猫は狩りをする動物でもあります。狙いを定めたら、じっくり観察しチャン

カチャ
ドアを開けることだってできる

スをうかがいます。虎視眈々（たんたん）と。「虎」を「猫」に変えて「猫視眈々」でもいいのでは？　そう思える迫力と集中力を発揮するのです。

　コウハイは路上出身ではありますが、ものごころついたときには、人に授乳をしてもらい、キャットフードをもらって成長しました。なので、狩りの本能など忘却の彼方（かなた）かと思いきや、意外にも部屋に入ってきた虫を狙います。狙って飛びついては何度網戸を破ったことか。

　一度だけ、瀕死のヤモリを私にプレゼントしてくれたこともありました（彼にとっては最高の大物狙いでした）。

　愛猫の野性的な一面を垣間見ると、飼い主としては何となく複雑。しかし、それが本能なのです。その標的との向き合い方は真剣そのもの。それが「命を狙う」相手への敬意でしょうか。

　戦うときは本気を出して精いっぱい。それが動物同士の礼儀なのです。

猫は、生きる力を持っている

犬の散歩中に、祐子さんが公園の花壇で見つけたのは、生後2ヶ月ほどの小さな子猫。カラスにでもやられたのか、左目が潰れそうなほどの大怪我を負い、衰弱もだいぶ進んでいました。

子猫の横には母猫が困り果てた様子で佇んでいましたが、捨て猫保護の経験も豊富な祐子さんは、母猫に「おかあさん、この子を預からせて。できる限りのことはやりますから」と約束し、子猫を連れて帰りました。

怪我の状態から「看取り」を覚悟しましたが、獣医師のところに連れていき、看護をする日々。子猫は最初、声も出せないほどでしたが、次第に鳴けるようになり、脱水症状も抜け、少しずつ食欲も出て離乳食を口から摂れるようになりました。すると、その子猫は想像を超え、どんどん回復。サバトラのやせっぽちの小さな猫は、生きようとする力に満ちていました。

子猫の目覚ましい回復に、祐子さんも獣医師も驚きました。「子猫のパワーって、すごいんですね！」そう言う祐子さんに、「いえ。子猫が、というより、この子がすごいんです。必死に治ろうとするこの子の意欲はたいしたものですよ」と先生。一時は眼球摘出まで考えていたというから、よほどの状態だったのです。

現在、子猫の左目は、視力はほぼなく、光が感じられる程度ではないかということ。それでも、明るくて元気。祐子さんの家の先住の犬・マルチーズのこんちゃんともじゃれあい、ボールを追いかけることもできます。片目が見えない不自由さなど微塵も感じさせません。

子猫は、仮の名前をハクと付けられました。今も祐子さんの家で暮らしています。「里親を募集して、新しい家族を探そうと思っているけれど、私にもこんちゃんにもすっかり慣れてしまって……」と苦笑い。もしかすると、祐子さんの家の猫として正式に迎えられそうな予感もします。

仮名ハクが、こんなにも迷いなく明るく力強く生きているのは、自分がしあわせになることを知っているからかもしれません。迷わず生きて！

ウィーン ジャッ ジャッ
ジャッ
ジャミ
!!
ヒエー

猫は、オンオフを切り替える

猫って、急に走り出したり、人には見えない敵（？）と戦ったりしますよね。我が家のコウハイもそうです。夜中にテンションが上がり、バタバタと走りはじめます。さっきまで寝ていたのに、突然「はっ！」と何かを思い出したように起き上がり、「こりゃ大変だ、こうしちゃいられない！」とばかりベッドを飛び出します。そして、慌てて縦横無尽に部屋を走り回る。しかも、ものすごいスピードで。

最初は、私たちの気を惹(ひ)きたくてやっているのかな、と思っていましたが、そうでもなさそうです。やがて、走っているだけでは飽き足らず、棚に登り、飛び降りる。スピーカーにも飛び移り、天井から吊り下がっているモールに戦いを挑む。このモールのことなど、今まで気にした素振りもないのに、こんなときはしっかりと敵認定のロックオン。あっちこっちと角度を考えながら、飛びつき、パンチを繰り出します。積み重なった本、何となくしまわず置かれた季節外れの服やバッグなど、障害物になりそうなものには片っ端から挑戦し、次々と征服。仕事途中の、資料などが散乱した机の上は、飛び上がってからスライディングで大げさに着地。おかげで、資料はくちゃくちゃ、私はいつもペンやメガネのありかを探しています。メガネメガネ……。

かと思えば、昏々と眠り、「今日はコウハイのことを見てないな」という日もあります。昼過ぎまで起きてこないこともあるし、私が外出し、数時間後に帰宅しても、まだ出かける前の体勢で熟睡していることも。遊びに誘ってもいっこうに乗ってこない日もあるのです。

猫にあまり慣れていなかった頃は、この感情の起伏に戸惑いました。コウハイがぼんやりしているときには「体調が悪いのかな？」と心配し、急に走り出したときにはうろたえました。「とうとう狂ったか……」

しかし、猫とはこういう生きものなのです。そう理解できたときから、オンとオフの切り替えの見事さに憧れるようになりました。スイッチがオンになったときの集中力、真剣さ。オフラインのゆるみ具合、ひたすら眠る徹底ぶり。何とも上手に自分をコントロールしています。

本気になれば壁も走れる

猫は、人の心の鏡になる

　センパイと散歩をしているとき、猫を抱いて歩いている少年に会い、目を疑いました。猫には首輪とハーネスが付いています。少年は小学４年生くらい。猫はまだ若そうな茶トラです。

「猫を散歩させてるの？」私は思わず少年に話しかけました。「うん。平気なんだよ。犬にも慣れてるの」と少年は、猫をセンパイに近づけました。センパイは猫好きなので興味津々。あれこれ詮索するセンパイにも、猫は落ち着いています。

「この子は、捨てられていて、拾った人がペットホテルみたいなところに預けて、しばらくそこにいたの。そこには犬もいたから、犬のこと怖くないんだよ。犬と一緒に散歩したりしてたんだって」そう話す少年もおっとりと落ち着いています。

「へぇ、そうなんだ。すごいね！　うちにも猫がいるけど、外に連れていくと少し怖がる感じなの。一緒に散歩できるといいのだけれど」と私。すると少年は言いました。

「猫が嫌がるなら、外に出さなくてもいいんじゃない？　猫に人の言うことを聞かせようとしないほうがいいと思う。人が猫に合わせるのがいいと思う」

少年の親が、彼にそう言って聞かせているのでしょうか。あまりに自然に話すので、私はすっかり感心してしまいました。

「じゃあ、ばいばい」少年と猫は、そう言って私たちを追い越していきました。しばらく彼らのあとをついていって見ていると、草のあるところで猫を下ろして匂いを嗅がせ、また抱き上げ歩き、広場では少し歩かせ木に乗せる。前から犬が来ると、様子を見ながら猫をゆっくり下ろしてあいさつのススメ……。ともに暮らすようになってまだ1年足らずだそうですが、少年と猫の息はぴったり。

「もしかしたら、猫も人に合わせようとしているのかも」ふたり（ひとりと1匹）の姿を見て、私はそう感じました。少年は、猫を無理にしつけようとしていません。自分に合わせてもらおうとか、相手を変えようとするのではなく、「まずは相手を理解しよう。相手に合わせてみよう」と、少年が思っているから、猫も少年の気持ちに添って、お互いを尊重しながら散歩ができるのです。

喧噪の中にいても、ふたりの間には穏やかな空気が流れています。猫は、人の心の鏡なのだと思いました。

グルグル回って
流れるのが気になる

猫は、引きずらない

猫は、ひとつの毛穴から10本前後の毛が生えているそうで、被毛は密集しています。特に腹部はすごい。「そのもふもふをなでるのが最高！」という方も多いのではないでしょうか。

私はコウハイのおなかに顔を埋めて「すーはーすーはー」と深呼吸するのが（坂本美雨ちゃんが提唱する〝猫を吸う〟という状態）大好きです。

ずいぶん昔の有閑マダムが毛皮の襟巻きをしているような首もとで、一見、ゴージャスなコウハイですが、その襟巻き風の被毛はときどき汚れます。いつも同じキャットフードを食べているけれど、食べ方が下手で、何かの拍子にこぼしたり、水やミルクに浸らせたりしてべちゃべちゃになることも多々。

細かいことをあまり気にしない彼ですが、汚れた襟巻きはさすがに嫌なようで、汚れを落とそうと一生懸命舐め上げます。首を前に下げ、舌を伸ばしてよいしょよいしょと舐める姿はまるで歌舞伎の連獅子。見ているこちらはおもしろいのですが、何ぶん被毛が長すぎて、毛先まで舐めきれない。本猫には不満が残っているような。

「自分の被毛を管理しきれないのは、気になるよね」

不憫（ふびん）に思った私は被毛を切ってやることを決意。机のペン立てにあったはさみを取り出し構えました。コウハイは一瞬怯（おび）え、「ま、まさかしないよね？」という顔で私を見ましたが、がばと捕まえ、ザキザキザキと襟巻き部分をカット、ついでにあちこち短くしてみました。不意をつかれたコウハイはなされるがまま。

「思ってたよりうまくできたね！」喜んだのは私だけで、コウハイは明らかに怒っていました。機嫌を直してもらおうと、とっておきのおやつをやったり、抱っこして窓の外を見せてやったり、あの手この手。

その日の夕食は、キャットフードも多め、鶏のささみをサービス。「フン！　仕方ないから食べてやるか」とたいらげ、食後の身づくろいでは、軽々と胸のあたりまで舐め上げました。

「ほうら、短いほうが楽でしょう？」私が言うと、コウハイは背を向けて隣の部屋に

長も猫の悩み
せっせ
せっせ
ペロロ
口から出ない…

行ってしまい、その夜は、私が寝るまで姿を見せず。ちょっとした冷戦状態となりました。

「うっ、ぐるじい……」明け方、悪夢から逃れるように目を覚ました私の胸の上に、コウハイがどっちりと鎮座していました。何事もなかったかのように、すやすやと気持ちよさそうに眠っています。いつもより寝顔が幼く見えるのは、全体の被毛が短くなったからでしょうか。

突然捕まえられて、大切な被毛を切られたコウハイ。さぞ不本意で傷ついたことでしょう。それでも夜更けには私のところに来てくれました。

許してくれた？　いえ、というよりそもそも猫って引きずらないのです。怨念とか執念の化身のように物語に書かれることがありますが、意外とさっぱり生きています。

猫は、生き直す

私の名前はグレイ。ロシアンブルーという種類の猫。全身がグレーの絨毯（じゅうたん）のようだからなんだって。ブルーの瞳が神秘的だと人は言います。

以前、一緒に暮らしていたご主人は、私のことを眺めてはうっとりと、「おまえといるとおとぎばなしの中にいるような気持ちになるよ」なんて言って、「ブルーの瞳にぴったり」と、ターコイズが埋め込まれたシルバーの首輪を買って付けてくれました。みんなから「よく似合う」とほめられ、私の自慢の首輪だったのです。


でもある日、私は捨てられました。

ご主人は新しい家に引っ越すことになり、そこには私を連れていけない理由があったのでしょう。もちろん、捨てられるなんて思ってもいなかったので、動物保護センターに連れていかれたときも「少しの間だけ、ここに預けられるのかな」としか思っ

本棚のここも好き。

ていませんでした。「ご主人、明日は迎えにきてくれるかな？」「今日は忙しかったのかも。じゃぁ、明日？」毎日そう信じて、朝がくるのを楽しみに眠っていたものです。

そんなことが何日も何日も続き、ふと「もしかして、もうご主人とは会えないのかも」と気づき、「私、捨てられたのかもしれない」「きっと捨てられたんだな」と悟るようになりました。

「私は、もう誰にも必要とされていないんだ」そう思うと、もうこのまま消えてなくなりたかった。ごはんも食べたくない、水さえも欲しくない。ただぼんやりと薄く息をするだけの日々でした。

「何この子、ずいぶん痩せて弱って。猫だけど、虫の息だね……。どうしてここにいるの？　うちにくる？」

そう言って私を抱き上げてくれたのは動物保護団体の人でした。私は、誰に何をされようが気持ちも身体も動かなくなっていたので、なすがまま。そのまま保護団体に引き取られました。

保護団体でも息が止まるのを待つだけ。

でも、あるとき団体の人が私の目を見ながら言いました。「あなた、何だか高そうな首輪をしてるじゃない。前の飼い主に買ってもらったの？　こんなに痩せて衰弱した身体には重すぎるね。こんなに重たい首輪も飼い主との思い出も、捨てちゃいな」

そしてこう続けました。

「首輪、はずすよ。しっかり食べられるようになろうね」

この言葉を聞いて私は決めました、生き直そうと。

そして今では、よく食べ少し太ってきました。

新しい首輪は、白い布製です。

猫は、さりげなく伝える

　私がまだ、センパイともコウハイとも暮らしていなかった頃、友人夫妻が「2週間ほど、ロンドンに行くので猫を預かってほしい」と言ってきました。突然のことで戸惑いましたが、実はとてもうれしかったのです。たとえ2週間とはいえ、動物と暮らせることに心躍りました。

　立派なキャリーバッグに入れられやってきたペコは、元野良猫とは思えない上品さ。こげ茶と黒が交ざった長毛で、年齢はたぶん8歳くらい。目は丸く、愛されてるオーラをまとった猫でした。部屋の隅をそーっとそーっと、空気も動かさないような慎重さで歩き、やがてどこかに姿を消しました。

　ドアや窓は閉めていたので、外に出る心配はないものの少々不安。でも、ペコは私の何十倍も不安だったのでしょう。気配さえなくなりました。

ぼくは絶対に
ここから出ませんから。

そのうち姿を見せるだろうと、甘く考えていましたが、出てこない。おなかが空けば出てくるかな？　食事を用意し「ごはん、ここにあるからねー」と、家じゅうあちこちに向かって声をかける。しかし、それでも姿を現しません。

夜中になって心配になり、書庫にしている奥の部屋まで見にいってみると、暗闇にキラリと光る小さな粒ふたつ。ペコは本棚の一番上、天井との隙間の端にいました。家の中をパトロールして「この家で、一番安全」と思ったのでしょう。「ペコ、ここにいたの？　心配したよ。おなか空いていてないの？　降りてきても大丈夫だよ」そう話しかけるも、ペコは動かないこと山のごとし。

それからもペコは降りてきませんでした。正確には、私たちがいないうちに降りて、ごはんを少し食べ、水も飲み、トイレを済ませているよう。ペコは「わたしは一歩も動いていませんよ」という顔で、「わたしに構わないで。見ないで。話しかけないで」という空気を醸し出し続けます。

「あぁ、ずっとこのままなんだな」とあきらめかけ、10日も経った頃、キッチンにいた私が、なにげなく振り向いたとき、そこにペコがいて驚きました。驚きすぎると、せっかく降りてきたペコがまた雲上猫になってしまうかもしれないので、「あ。あぁ、いたの、ね」と、ぎこちなく声をかけました。

それからは、私が家にいるときも、ほんのときどき姿を見せるようになりました。もちろん、触らせてはくれません。「ペコとの暮らしも邂逅しないまま終わるのかぁ」そう思っていた12日目、キッチンで夕食の準備をしていたとき、ペコがそばに来て、さりげなくふわりとひと振り、しっぽの先を私の足に触れさせたのです。「ひゃ！」この喜びは何だ！　今まで感じたことのない感覚でした。「ホームステイありがとう」なの？　それとも「おなか空いたよ」かな？　ともあれ、ペコは、気持ちの距離を縮めた証しを私に表してくれたのです。

猫は、大人になる

我が家に子猫のたいちゃん（♂）がホームステイにやってきました。怪我を負った子猫を保護し育てていた友人の眞子さんが、出張に出る約10日間、我が家で預かることになったのです。

やってきたたいちゃん、まずはソファの下を基地と決めました。「しばらく姿を現さないな」と思って覗いてみると、ひっくり返って熟睡。意外とマイペース。2日目からは「たいちゃーん」と呼ぶと「何か用……？」と顔を出すようになりました。

センパイはコウハイを「育てた」し、テレビなどから子猫の声が聞こえるだけで「えー！　どこ？　どこ？」と家じゅうを探し回るほど子猫好きなので、さぞ、たいちゃんの面倒を見るのだろうと想像していました。しかし、たいちゃんの見守り隊長は意外にもコウハイでした。

はじめはたいちゃんと少し距離を置いて、ただじ――――っと見ていたコウハイ。

人間のこどもには
ちょっとびっくりさせられる
ことが多いぜ

目は寄り、いつもより「キッ！」とした感じ。どちらかというと「見守る」というよりは「見張る」。まるでSPが要人を警護しているときの顔つき。たいちゃんがちょろちょろと動くと身構え、瞬発力を見せます。「コウハイ、けっこうやるねぇ」と、オットと私は驚きました。たぶん、センパイもそう思っていたことでしょう。

時間が経つにつれて、たいちゃんもリラックスし、コウハイの表情もやわらいできました。そのうちに2匹はすっかり打ち解け追いかけっこ。細く小さな身体のたいちゃんを、大きな身体のコウハイが長い被毛を揺らしながら追いかけるので、どきどきしました。じゃれあって遊んでいるときも、ついコウハイが本気になってしまうので、「コウちゃん！　やさしくよ。やさしく遊んでね」「たいちゃんはまだ小さいから、やさしくしてね。痛くしちゃだめよ」と端(はた)から声をかけ続けました。何度もそうしているうちに、やがてコウハイは「手加減する」ということを習得したようです。

センパイともよくじゃれて遊んでいるコウハイですが、センパイに叱られるのは、コウハイがしつこいときと、加減せずにガブリと噛みついたとき。コウハイは、遊びに夢中になりすぎるとヒートアップしてしまって、鋭い爪を立てて引っ掻(か)いたり噛んだり……。かなり痛いのです。センパイとオット、私は被害者同盟。今まで自分より小さな相手と遊んだことがなかったコウハイは、手加減することなど知らないまま成長してしまっていたのです。

そういえば、コウハイがやんちゃ盛りの頃、我が家に遊びにきた愛猫家に「この子、いつになったら落ち着くのかなぁ」と聞いたことがあります。「何歳というより、自分より下の猫がくるまではこのままだと思うよ」というのが、その答えでしたが、こういうことだったんですね。

自分より年下の猫を近くで見るのもはじめてのコウハイでしたが、たいちゃんを辛抱強く見守り、そしてやさしい遊び相手となりました。

手加減することを覚え、コウハイは大人の階段を上りました。

猫は、猫に学ぶ

コウハイが幼い頃、それはそれはやんちゃな猫でした。しかし、同居しているセンパイには、育ててもらったとわかっているからか、後輩気質だからか、妙に律儀で、センパイを立てるというか、遠慮するところがありました。

センパイが寝ているところをわざとつつきに行ったり、ぼんやりと日なたぼっこしているところを後ろから叩いてみたり、とても失礼な、腹を立てさせることを平気でするのに、私と遊んでいるところをセンパイに見られると、「はっ！」として離れる。センパイがいるところでは、決して私に甘えることはせず、膝の上に乗ることもありません。

私が「コウちゃ〜ん」とじゃれようとすると、「あ、いや、だめだめ……」という感じで挙動不審気味に離れようとさえするのです。それは、子猫のときから6歳の現在までずっとそう。

しかし、子猫のたいちゃんが我が家でのホームステイを終えて帰ってからは、センパイがいても、コウハイが私の横を陣取るようになりました。ソファに私とセンパイが座っていると、その間に入り込もうとしたり、「なでて！」とおなかを出してみせたり……。

はじめはセンパイの様子を横目で見ながら遠慮がちにしていましたが、センパイが特別な反応をしないとわかると、やがてすっかり落ち着いて。やっぱり、今まで「センパイの前で、ゆっちゃん（私のこと）に甘えてはいけない」と自分に言い聞かせ、我慢していたようです。

ホームステイしていたたいちゃんは、無邪気で自由な子猫。センパイがいても関係ありません。私に甘えたくなれば、膝の上に乗って、肩まで登ってきます。そして「遊ぼー！」と私を追いかけて、モモンガのように飛びついてくるのでした。

そんなたいちゃんを見て、コウハイも思うところがあったのでしょう。最近は、隣にセンパイがいても、膝の上に乗ってくるようになり、ますます甘えん坊です。

お客さんが来ると
やたら甘えん坊になる

猫は、大事なものを見せない

「あ！」カギを忘れてきたことに呆然（ぼうぜん）としました。夕方、センパイと散歩に出たときのことです。いったんポケットにカギを入れて出たのですが、空模様が気になり、一度家に戻って洗濯物を取り込み、それから再出発。玄関先にいたコウハイにひと声かけて。そのバタバタで、カギは玄関先に置いたまま……。振り向くと、マンションのオートロックは無情にも閉ざされて。

墨を飲んだようなどんよりとした気持ちになりましたが、足元には、動揺している私を不思議そうに見上げるセンパイ。気を取り直し、散歩に出発です。「誰か、同じマンションの人に会わないかな」そう思い、きょろきょろしながら歩いていましたが、誰にも会いません。こんなとき、近所の景色さえ、何だか他人行儀に見えてきます。

いつもより少し長めに歩き（しつこくも、見知った誰かに出会わないかと期待しながら）、センパイと私は、とうとうマンションの前まで戻ってきてしまいました。エントランスにはオートロックのドアがあり、そのドアが開かないと中には入れない。管理人さんが在駐している時間なら開けてもらえますが、もう勤務時間は終わっていました。

部屋の中から解錠もできるのですが、中にはコウハイしかいません。呼び出しのインターホンに「ニャ？」とコウハイが出るわけもなく……。

しばらくエントランスでマンションの住人が通るのを待っていましたが、こんなときに限って誰も帰ってきません。配達の人もやってこず、し―――んと静まりかえり、センパイも不安そうな表情になってきました。

無駄な抵抗と知りつつも「奇跡が起きますように！」そう祈り、藁にもすがる思いで自宅をインターホンで呼び出してみました。プープー、プープープー。何度押しても、呼び出し音だけが哀しく響きます。やはり、コウハイはインターホンには出てくれませんでした。

しばらくしてやっと、３階に住む顔見知りの小学生が帰宅。事情を話し一緒に中へ

大事なものは
だいたい
猫の下にある

入れてもらいました。家に戻ると、さっきのままコウハイが玄関先で待っていました。「コウちゃん、今日はカギを忘れて出ちゃってさー、失敗しちゃった。あれ？　このへんにカギなかった？」「にゃんのこと？」コウハイは相変わらずのポーカーフェイス。いつものように玄関先でセンパイの脚を拭いて、「さんぽ、おつかれさま」のおやつをひとつ。ご相伴にあずかったコウハイは満足そうにリビングに戻っていきました。見ると、コウハイが座っていたところにカギがぽろり……。確信犯なのかもしれません。

猫は、人を元気づける

わたしは「くーちゃん」と呼ばれているキジトラ猫です。シュッとしまった筋肉が自慢。わたしを産んだ母の飼い主が保健所に貼った、「子猫いりませんか」のチラシが縁で、東北の山あいにある今の家の猫となりました。

生後3ヶ月だったわたしがここに来る少し前、東京で暮らしていたこの家の長女が戻ってきていました。東京で忙しく働きすぎて、体調を崩し休養中。おとうさんもおかあさんも、彼女に対していろいろと気を配っていました。

親子3人の生活は静かで落ち着いているけれど、家の中が沈みがちなこともあって、そんなときは、庭や野を活発に走り回るわたしの姿を、みんなが喜んでくれました。

畦道(あぜみち)を闊歩(かっぽ)してはバッタをおみやげに帰還。木登りのトレーニングも欠かさないおてんばなわたしを見て、「くーちゃんは自由でいいなぁ。猫の自由さは人を元気づけてくれるなぁ」と、おとうさんが言ってくれたことがありました。

3人と1匹の暮らしが落ち着きはじめた頃、おとうさんに癌が見つかりました。手術で切除し、一度は全快したものの再発。その後もゆるやかに、ときには厳しい闘病生活が続きました。

おとうさんの昼寝に付き合ったり、ひとり明るく奮闘中のおかあさんを応援したり、ときには長女の話し相手にもなりました。東日本大震災で停電が続いたとき、おとうさんの湯たんぽがわりになれたのがうれしかったです。そうして、2年前におとうさんを見送りました。

わたしがこの家で暮らすようになって10年が経ちました。今は、長女もずいぶん元気になって、おかあさんとわたし、女3人気楽にのんびりやっています。自然豊かな町でのびのび暮らし、夜には近所のパトロールにも出かけます。

特別なことは何もない、ただ時間がゆるやかに流れていく毎日です。その中でも、庭のさくらんぼに実がなったり、アスパラガスが急に伸びたり、草や木のささやかな変化が楽しみです。

春には田んぼでかえるを追いかけ、夏にはとんぼとおしゃべり。秋、虫の声を聞きながら眠り、冬は雪がまぶしくて外にはあまり出かけられない。そんなふうに1年が経ち、また新しい年を迎える。

同じことの繰り返しのようですが、少しずつ、すべてが違います。穏やかすぎて退屈に思うこともありますが、猫にとって一番いいことは「何も起こらない」こと。ただ人のそばにいて一緒にときを過ごすことで、お互いが元気になれるのです。

白黒の猫の飼い主は
何を着ても毛だらけがバレる。

猫は、やるときはやる

1日の中で少しの時間、コウハイはベランダに出て過ごすようになりました。なので、手すりの外に出られないようネットを張りました。

はじめは「危ない」と思っていましたが、じょうろで植木に水をやるとき、排水口に向かって流れる水の筋を追いかけたり、洗濯ばさみを転がして遊んだり。まぁ無邪気に楽しそうにしている姿を見ると、むげに止めさせるのも酷に思えて。

こちらが十分気をつけるようにして、「センパイが散歩に行くように、コウハイもこのベランダタイムが気分転換になっていたらいいなぁ」と思っていたのです。

そうは言っても、ベランダには危険がいっぱい。何しろ猫なのですから、「絶対に大丈夫！」ということは「絶対にない！」のです。

コウハイが本気を出したら、手すりなんて難なく飛び越えてしまいそうだし、植木を落として階下に迷惑をかけるかもしれません。そう恐れていたのですが、コウハイは予想していたいたずらもせず、高いところへ飛び上がることもしない。そんな素振りさえ見せませんでした。

風に吹かれ、おなかを出し日なたぼっこをしながら、無難に過ごしていることが常となり、私もすっかり安心していました。

それからしばらくした頃。見るともなくふと窓の外に目をやると、「ん?」一瞬、状況が飲み込めなかったのですが、よく見ると、手すりにひっかけて干していたふとんの上をコウハイが悠々と歩いているではありませんか。「手すりの上をいつか歩いてやろう」と待っていたのでしょうか。「いつもは、やれるけどやらないだけで、やろうと思えばいつでもできるよ!」そう思っていたのだとしたら、悔しいです。

能ある猫も爪を隠します。常に爪を研いで備え、平常心。何食わぬ顔でそのときを待っている。猫は「ここ一番」に強いのです。

やろうと思えば
このスキマからだって
出れるんだぜ

猫は、精いっぱいのお返しをする

猫には「クール」というイメージがあります。親しい人以外には甘えたり、簡単になれなれしくしないからでしょうか。

住み込みで仕事をしている知人の家に、ひとりで留守番をしているドンちゃんのお世話に通っていたことがありました。ドンちゃんは16歳。ヒマラヤンのオス。でっぷりとした身体をゆっさゆっさと揺らして歩き、威張っているけどどこか頼りない。そこが魅力の猫です。

「ドンちゃ〜ん、こんにちは。お邪魔しまーす」と部屋に入っていくと、「ニャー、ニャー」と登場。その鳴き方は、面倒そうに「何だ、何だおまえー！　何しにきたんだよー？」と言っているよう。

私が部屋の掃除をはじめて、ドンちゃんのトイレを洗ったり、飲み水を替えたりすると、時折、足元にやってきて、ふわ〜ふわわ〜と触れて匂いをつけていく。「これがドンちゃんの歓迎のシルシなのかなぁ」。でも、これもほんの気まぐれ。

缶詰を開けてドンちゃんのごはんを用意して、「ドンちゃん、いっぱい食べてね！」と差し出すと、「お、ご苦労」という顔をして食べはじめます。その間、ドンちゃんが空腹のときに食べるカリカリを補充。周囲をきれいに整え、やるべきことは一段落。

それから、連絡ノートに伝言やドンちゃんの様子を書き込んでいると、ごはんを終えたドンちゃんが隣にやってくるのです。

おもちゃで遊んだり、追いかけっこの相手をしたりでしばらく一緒に遊んで、次はブラッシング。ドンちゃんはブラッシングが大好きで、「そそ！　そこそこ！」「じゃぁ、次はこっちね」と自ら体勢を変えて気持ちよさそうにしています。そして、いつの頃からか、ブラッシングをしていないほうの私の手を一生懸命舐めてくれるようになったのです。なぜ？　訪ねてきたときはあんなに横柄な態度だったのに。ブラッシングをはじめるととたんに、毎回「すみません。いつもすみませんねぇ、どうもありがとう」という感じで、頭を上下させて私の手を舐めてくれました。それが「自分にできる精いっぱいのお返し」で、感謝の気持ちを表す方法だったのでしょうか。

宅急便受け取っといてくれないかなぁと思うこともしばしば。

猫は、騒がない

「この先は、どうなっているのかな……」「あれは何だろう？」

窓の外を眺めたり、ときどきベランダで日光浴をしながら、コウハイは、あの丸く小さな頭の中でいろんなことを感じ、考えているのでしょう。

完全に室内飼いのコウハイ、家の中が彼の世界のすべて。日々、パトロールは念入りです。コウハイしか見たことのないほこりや、コウハイだけが知っている床の穴や壁のヒビ割れがあると思われ、その穴やヒビが大きくなっていないか、また、どこからか入り込んだ虫などがいないか、管理と警備に余念がありません。

あるとき、彼が洗面台にじーっと丸くなっていたことがありました。「死期を予感した猫は、水辺に行く」というのをどこかで読んだことがあったので、その姿を見つけたときはどきっとしました。しかし、様子を見ると、具合が悪そうでもなく、むしろ気持ちが充実しているような、輝いた瞳をしていたので、不思議に思っていました。

翌日もコウハイは洗面台で丸くなっていました。「発熱すると、ひんやりとしたシンクに入って熱を冷ます」と、これまた何かに書いてあったので、注意深く調べてみるも、存外に元気そう。安心するもなぜだか解せません。

そして、その翌日もコウハイは洗面台にいました。後ろから観察していると、洗面ボウルの縁に座り込み蛇口のあたりを下からじ——っと睨みつけています。ごはんのときは、自分の食事台にやってきますが、食べ終わるとすぐ洗面台に戻って任務再開という感じ。いったいどうしたというのでしょう。

「はっ！」私は気がつきました。蛇口からは小さなしずくが、ぽとん……、ぽたたん……、ぽたん……、と落ちているではありませんか。

コウハイは、水漏れに気づき、3日間も慎重にしずくの張り込みをしていたのです。そして、決して騒ぐことなく、私が気づくようにと行動で示してくれていたのでした。

ゆったりと構えてじっと待つ。猫って、慌てないのです。

低くて大きい声が苦手。
こんにちはー!
お届け物でーす!
ピューン

猫は、人を心配する

ボクはキジトラ猫。3歳のタラちゃんです。うちには人間のおじいちゃんがいます。93歳だって。ボクより90年も長く生きてるの。

家族とはぐれて、ひとりぼっちになったボクを助けてくれたのは、この家のおかあさん。そのおかあさんのおとうさんが、おじいちゃん。

おじいちゃんは、ボクのことを気にしてくれているみたいだし、ボクもおじいちゃんと仲よくしたいけど、ほんとのことを言うと、おじいちゃんのことが苦手。

突然近づいてくるし、声も大きいから、驚いて逃げたくなってしまうのよ。

おじいちゃん、もう少し小さめの声で話しかけてくれたらいいのになぁ。頭をなでようとするときも、ゆっくり手を出してくれたらいいのに。そうしたら、もっと仲よくできるのに。

そんなおじいちゃんが、交通事故に遭ったんだ。入院した病院へ、おかあさんは毎日通っていたよ。そして、何ヶ月か経って、おじいちゃんが外泊で家に帰ってきた。

いつもこたつにいるおじいちゃんは、腰を痛めていたから、畳に腰をおろすことができなくて、新聞を読んだりテレビを見たりするとき、低めの椅子に座っていたよ。あまり動けないから急に寄ってこなかったし、少し元気もなくて声も小さくなっていた。だから、前と違って、ボクは安心しておじいちゃんの隣にいられたよ。

何日かして、おじいちゃんは病院に戻りました。腰が治ってもリハビリがあるから、退院はもう少し先になるんだって。「今度はいつ会えるかな」そんなことを考えながら、おじいちゃんが座っていた椅子で昼寝をしてみた。おじいちゃんの匂いがしたよ。病院から帰ってきたおかあさんが、寝ていたボクを見てこう言った。「あら、タラちゃん、おじいちゃんの椅子で寝ているの？　いつもは怖がって逃げてばかりいるのに、心配してくれてるんだね」

そうだよ。ボクはおじいちゃんのことが心配。でもね、ほんとは、おじいちゃんのことを心配しているおかあさんのことが心配なんだよ。おかあさんが元気がないと、ボクも元気が出ないのよ。

インフルエンザにかかっても
猫だけはそばに
いてくれる

猫は、上と下を作らない

「ひとり暮らしですが、猫を2匹飼っています」というケースをよく耳にします。「2匹も世話をするのは大変ではないですか」私が質問すると、みんな口を揃えるように「全然！　むしろ1匹より2匹のほうが楽ですよ」と答えるのでした。
「私は会社員なので、決まった時間に家を出ます。だから、うちの猫たちは留守番するのが日課。2匹だと寂しくないし、猫を置いて出かける私も安心です」そう話すのは朝子さん。「2匹で遊んでいるので、私が猫と遊ぶ時間は、2倍になるのではなく1／2になる」とも。

朝子さんと暮らす猫は、9歳（推定）のドネと2歳のシャルル。先住はシャルル。知人の家で生まれたメインクーンの子猫を生後4ヶ月で譲渡してもらい、それから1ヶ月もしないうちに迷い込んできたのがドネ。「近所でごはんをくれていた人が引っ越してしまって、途方に暮れていたのか、うちの小さな庭に入り込んできたんです」

それから、シャルルとドネは、兄妹のように暮らしています。

はじめはお互いにおっかなびっくりで、こわごわと探り合いをしていましたが、シャルルの子猫らしい好奇心に背中を押され、ドネがシャルルのペースに引きずられるようにして、2匹はよい遊び仲間となりました。

はじめは追いかけっこ。まだ細くて小さなシャルルをドネが大きな身体で追いかけるので、朝子さんはハラハラしたそうですが、そのうち、追いかけるのも追いかけられるのも五分五分に。

それからかくれんぼ。かわりばんこに隠れては相手を探し、見つけるとキャ！　キャキャ！　と大喜び。くんずほぐれつ転げ回る。毎日、どちらかが眠る寸前まで2匹で遊んでいるのです。

ドネが子守りをしているというより、2匹は対等に、ときを忘れるように遊んでいます。身体全部を使って走り、ゴムまりのように心を弾ませ、本当に楽しそう。

「シャルルが気が強く、取っ組み合いになることもあり、止めたほうがいいのかと迷うこともあります。でも、飼い主が神経質になるのもよくないかと思い、流血騒ぎにならないうちは様子を見ることにしています」

ドネとシャルルは、人間でいうと50代半ばくらいと20歳くらい。30歳以上も歳の差があるのに、こんなにも本気で遊んでいます。シャルルのタフで無邪気な性格がよかったのでしょうか。

猫は、「子ども」とか「大人」とか区別して付き合ったりしません。今を生きているもの同士、年齢という記号などまったく関係ないのです。

好きな相手を見ていると
どしたん？
コロリン
ひっくり返ってしまう

猫は、しあわせを引き寄せる

私が連れてこられたのは、ひとり暮らしのおばあさんの家でした。「ぽつんとひとりでいるよりも、猫でも飼ったら張り合いが出るんじゃない？」と、おばあさんの娘が、私を買ってプレゼントしたのです。ペットショップのガラス張りの中にいるのは嫌だったので「ここから出られる！」と思うとほっとしました。私は生まれてまもなくおかあさんから離され、ペットショップに並べられていたのです。

おばあさんは娘に私を渡され少し困ったようでしたが、「こんなかわいい子を見てしまうと……」と私を受け入れ、「まるこ」と名前を付けてくれました。

私はまるこ、キジシロの猫。おばあさんと暮らします。動物好きだというおばあさんはとてもやさしく、私もおばあさんが大好きになり、たくさん甘えました。

でも。月日が過ぎていくうちに、おばあさんはため息をつくようになりました。一緒に遊んでいても前のように楽しそうではないのです。おばあさん、どうしたのかな。おばあさんの娘はあれから一度もこの家へ来てはいません。

「まるちゃんはとってもかわいいんだけど、私、やっぱり歳なのよねぇ。負担なの。1日2回のごはん、トイレの世話、遊び相手もして。花瓶を倒せばその始末。破った障子を張り替えたり。キャットフードを買ってくるのもけっこう重いのよ……」

おばあさんが電話で友だちに話しているのを私は聞いてしまいました。どうやら私の世話が大変で元気をなくしているみたい。私が悪いのかな。もっといい子にしていればいいの？　私のことで悩ませてしまって、おばあさん、ごめんなさい。

ある夜、おばあさんは私に言いました。

「まるちゃん。まるちゃんはかわいくてとってもいい子で大好きなんだけど、私、歳でまるちゃんとふたりで暮らすのが無理みたいなの。まるちゃんは若いから、私のほうがまるちゃんより先に死んでしまうかもしれない、とも思う。まるちゃんがもっと楽しく暮らせるおうちを探してみようと思うんだけど、いいかしら？　それがお互いに一番いいことだと思うのよ。ごめんね……」

私、この家にいられないのね。本当はずっとおばあさんと一緒にいたいけど、仕方がないのね。おばあさんの娘の無責任な思いつきに振り回された私たち……。

それからおばあさんは、近所で猫を飼いたがっている家はないか聞いたりして、私の新しい家族探しをしてくれました。結局、知り合いのつてで地域猫の里親会に出してもらえることになり、そこで引き取り手が見つかったのです。先住の猫もお年寄りも子どももいる大家族の家でした。

「遊び相手がたくさんいる家で飼われたほうが、育ち盛りのまるこにとってはよかった」と安心したおばあさんを見て、私もほっとしました。おばあさんと暮らしたのは8ヶ月。

新しい家の猫とも仲よくなれました。子どもたちともよく遊びます。名前は「まるこ」のまま。元気に楽しく暮らしています。

「今頃どうしているかな?」ときどきおばあさんを思い出します。

間が好き。

猫は、見定めてやってくる

散歩で会うおばさんが、ある日、携帯に入っている猫の写真を見せてくれました。白黒のハチワレ、美しい猫です。「わぁ、立派な猫ですね！」私は思わず言いました。

「この子ね、プレイボーイで、あちこちに子どもを作って。だから、近所の人たちには嫌われて。この辺のボスだったのよ。ある日ね、夏で暑かったから、お勝手口のドアを開けてたのよね。そしたら、突然うちに入ってきたの！」

今起こったことのように、臨場感たっぷりに話すおばさんのペースに巻き込まれ、つい私も「え！　突然に？」と大きな声を出してしまいました。

「そうなのよ！　突然！　突然入ってきてね、私は夕食の用意をしていたんだけど、驚いている私の脚にぎゅっとしがみついてきたのよ。ほんとにびっくりしたけどね、ちょっと怪我してたのでね、抱っこしてみたら静かにしているから、そのままバッグに入れて病院へ連れてって」

その白黒ボス猫は、当時推定6歳。身体も大きくイケメンで、この辺ではちょっとした顔の野良猫でしたが、縄張り争いに敗れ、「ここが潮どき」と思ったのか、「この家の猫にしてくれないか！」と飛び込んできたそうです。

元ボスは、それから8年間、おばさんの家で静かな後半生を過ごし亡くなりました。

猫と暮らしている人に、愛猫との出会いについてを聞くと、「猫のほうから我が家に訪ねてくるようになったのよ」とか、「庭の隅にうずくまっていて……」というエピソードを語ってくれる人が少なくありません。

それまで、猫にまったく興味がなかったという人も、あるとき猫がやってきて、最初はやっかいに思っていたのに、そのうちに猫の訪問を待つようになり、時間をかけて自然のなりゆきで家族として正式に迎えた、など。

猫は、独特の嗅覚で、その家の雰囲気、そこに暮らす人、自分が暮らすにはどうなのかをしっかり見定め、その上でやってくるのです。

「自分で選んだ」と納得しているから、新しい暮らしの環境もすべてを受け入れる。だから飼い主ともしっくりいい関係を築けるのでしょう。

この町のボス

猫は、人の隣に座る

友人の可奈子さんと会いました。彼女はフリーのイラストレーターでしたが、仕事が重なり忙しさから体調を崩し、しばらく休職していました。久しぶりに会う彼女は顔色もよく、私は安心しました。

お茶を飲みながらの話題は、お互いの犬や猫の話。可奈子さんも8歳になるのっぺという猫と暮らしています。「仕事がうまくいかず落ち込んでいるときに、のっぺに慰めてもらいました」「体調を崩して寝ていると、必ずのっぺがベッドにきて寄り添ってくれたんです」そう話す彼女に、私が「元気が戻ってきたのものっぺのおかげだね」と言うと、深く頷（うなず）きました。

気がかりなことやうまくいかないことがあって、気落ちしているときなどに、音もなくやってきては人の隣に座ってくれる猫……。

猫は、人から発せられる雰囲気を感じ取れるのだと思います。「このひと、今日はなんだか元気がないぞ?」そう感じたら、そそっと近づき慎重に飼い主を観察。一緒に過ごしてくれるのです。じっとそこにいて、背中を丸めて寝たふりをしたりして。もし、後ろをついてきて「ねぇねぇ、元気がないけど、どうしたの? 何かあったの?」と声を出して聞かれたら、こちらとて、いくら相手がかわいい猫だとしても「ちょっと、黙っていてくれない? 放っておいてよ」なんて悪態をついたりしかねません。そして、自分で発したその言葉に、また自己嫌悪になりマイナスのループに。

私など、性格が雑なので、元気を失くしている友人がいたら、「大丈夫? 何かおいしいものでも食べにいこう」とか、「手伝えることないかな」などと、野暮ったく言って、ついつい余計なおせっかいを焼いてしまいがち。

無言でさりげなく、空気のように寄り添う猫の、スマートさに憧れます。

部屋に入りたい(出たい)とき、可奈子さんちののっぺは「ドアを開けて!」と鳴くのではなく、ドアの前で開けてくれるのをただじっと待っているそうです。その奥ゆかしさったら!

トイレそうじの時は
いつもヒザの上
いつもありがとね！
ザッ
ザッ

猫は、考える前に動く

数年前の初夏、友人から「クールボード」をもらいました。クールボードとは、約40×60センチ、厚さは5ミリほどのアルミの板で、暑い季節に室内で暮らすペットたちをクールダウンさせるためのもの。

友人はジャックラッセルテリアを2匹飼っており、「少しでも夏を涼しく過ごせるように」と購入。しかし、犬たちがボードの上に乗らないと。あれこれ工夫してみても、わざわざボードを除(よ)けて歩く始末で、結局あきらめて「よかったら、使わない？」と、譲ってくれたのです。

日本の夏の暑さは年々厳しくなり、ペットたちにとってもつらい。そこで、近年はペットのための暑さ対策グッズもたくさん売られています。

さて、我が家にやってきたクールボード、さっそく置いてみましたが、あらら、やっぱりセンパイは乗ろうとしません。「犬は暑さに弱く、寒さに強い」「猫は寒さに弱い」など諸説ありますが、暑い時期に大変そうなのは犬です。

なので、主にセンパイ用として使おうと思っていたのですが、ボードの上を歩くと爪が当たりカチャカチャと音がしたり、ちょっと滑るような感触に戸惑い、近づくのも嫌なよう。予感はありましたが、我が家でも無用の長物となってしまうのか……。

とうなだれていた矢先、まさに音もなくやってきて、すぃーっと腰をおろしたのはコウハイでした。「これはいい!」直感でわかったのでしょうか、ふくらんだ腹部をボードに付けて、ひんやり感を楽しんでいます。

猫は、用心深く臆病そうに見えますが、実は好奇心が旺盛で、新しいことにどんどん挑みます。考えてから行動するというよりは、まず行動してみて考える。猫は、いろんな場所を知っていて、心地よい居所を探す名人ですが、それは好奇心があるからこそ。

クールボードは、すっかりコウハイ専用となりました。

洗濯機の中も
夏はおすすめだよ

猫は、素直に受け入れる

黒猫エマとキジトラのロビンは、友人の奈緒さんちの猫。エマは体格がよく、ロビンより3ヶ月ほどお姉さんですが、オスのロビンのほうが俊敏でしっかりもの。奈緒さんがふと見ると、さっきロビンが座っていた場所にエマがいたり、棚から飛び降りるロビンを見て、エマが高いところから降りられるようになったり……。

「エマはなにかとロビンの真似をするんです」と言う奈緒さんに、「じゃぁ、ロビンがエマを仕切っている感じ？」と私。しかし「2匹には上下関係がまったくないんです。ときどきは一緒に遊んでいますが、基本、個人（個猫？）主義というか。認めあいつつ、干渉はしない感じ」。

なかなか会えないけれど、こんなふうによく近況を聞かせてもらう猫は、せな、ムギ、マシューにタビ。SNSなどでいつも見ているのは、みつまめ、ぜんざい、サバ美、牛にミッツ、モイ……。ぐるり見渡すと、どの猫もそれぞれにしあわせそう。

日々の大半を寝て過ごし、気が向いたら家の中をパトロール。雑事に追われる飼い主を斜め上から眺め、ごはんを心待ちにして食べて。そして、おなかがいっぱいになったら、満足そうな表情を浮かべ、毛づくろいなどをして、また寝る……。

コウハイも、そんな暮らしぶりだからしあわせそうでよかった。愛猫のしあわせは飼い主のしあわせでもある。

でも、猫は「あぁ、しあわせ〜」なんて、いちいち思っていない。「おいしい」「うれしい」「気持ちがいい」「飼い主が帰ってきたぞ」「今日はごはんが遅いな」「さむい」「いたい」そんなふうに感じるだけ。

「だから、しあわせ」とか「だから、しあわせじゃない」というのは、人間が勝手に作ったものさし。「猫がしあわせそう」なのは、人間の色メガネ。

猫は、ただ目の前の人や環境や、出来事をすとんと自分の中に受け入れているだけ。

必死にお兄ちゃんの
真似をする。

猫は、ほどよく無視する

多頭の猫と暮らしている人たちは声を揃えます。「平和にやってますよ、あまり仲よくはないけど……」

兄弟とか、子どもの頃から一緒だったという以外は、同じ屋根の下で暮らしていても、猫と猫は、見てわかるくらいに仲よしになることは、まれ（もちろん例外もあります）。

もともと猫がいた家に「拾った」とか「知り合いの家で生まれて」など、何らかの事情で、もう1匹増えてしまったとき、まず、パニックになるのは先住の猫。「わたしという猫がいるのに！」とすねたり、「冗談じゃないよ！」と、どこかに引きこもったり。やってきた猫をねちねちといじめることもあるようです。

一方、新入りは、子猫の場合も多く、好奇心旺盛で順応力もある。子ども力を発揮して周りに慣れるのが早いので、意外に新しい環境にすんなりなじむ。すねてしまったり、遺恨を残すのは、先住猫のほう。

たとえば、2階建ての家では、1階に先住猫、2階に新入りと、階を分けて暮らすなど、飼い主が工夫をしているうちに、時間の経過とともに2匹の距離もだんだん近くはなるようです。

とはいえ、仲よくなるまではいかず、「あ、いるな」とお互いを認識しても、険悪にならない、というくらいまで。そして、何年経ってもその距離はそのままなことが多いとか。

でも、それで十分ですよね。私は思いました、「人と人も、こんな感じでもいいのではないかな」。

子どもの頃「誰とでも仲よくしなさい」と教えられ、「みんなと仲よくしなくちゃいけないな」と思って育ちましたが、中には、仲よくなれない人もいました。それをやり残した宿題のように引きずって大人になったけれど、先住猫と新入り猫との関係を見て「別にこれでいいのでは?」と思えるようになったのです。やっと。

こう見えて呼ばれている
ことは分かってるんだから。

みんなが同じ意見じゃなくてもよくて、「この人はこういう考え方なんだな」と理解し、尊重することが大事。猫たちのように「認めているけれど、スルーしあえる仲」があってもいいのです。

猫は、好きなものしか食べない

猫は、猫草が好きなものだと思っていました。「猫を飼ったら、猫草を置いておかないと」というくらい、必要なものだと思い込んでいたのです。

だから、コウハイが生後3ヶ月（推定）で我が家にやってきたとき、さっそくホームセンターで猫草を買いました。種から育てるものもありましたが、すぐに食べられるようにと、しっかり育って生え揃ったものを。一般に猫草といわれているのは麦の芽だそうで、猫は、細い葉っぱの先を口でひっぱって、噛むようにして食べます。

「胃の中にある毛玉などを体外に出し、胃腸をすっきりさせるために食べる」のだと聞いたことがあったので、だとすれば「長毛種のコウハイには、ぜひ食べてもらいたい」と前のめりで猫草を設置しました。

しかし、コウハイは見向きもしない。匂いを嗅ぎさえもしないのです。話が違うなぁ。まだ子猫だからかな？　不思議に思い調べてみると、実は、猫に猫草の必要性は

思い通りには
いかない

こっちの方が
ウマイ
こっちが
おいしい
1才未満
用ごはん
成猫用
ツブ小さめ
大きめ
カリカリ

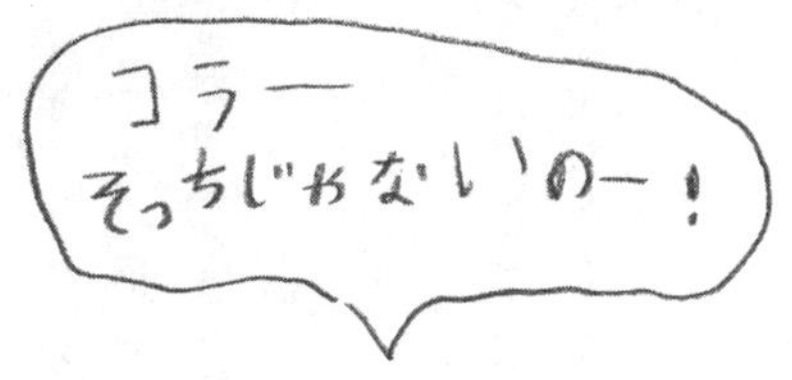
コラー
そっちじゃないのー！

あまりないらしいということがわかりました。「ビタミン不足を補う」という説もあるようですが、実証はされておらず、ビタミンCについては、猫は、食物から摂らなくても肝臓でブドウ糖などから合成されるのだそう。不足することはないんですね。だとすれば、猫草はたんなる嗜好品ということになります。「猫だから猫草が好き」だなんて、誰が言い出したのでしょうか（それとも猫が食べるから猫草という名前に？）。人にもお酒好きや下戸、愛煙家や嫌煙家がいるように、猫にも、猫草好き、マタタビ好きなど、それぞれなのですね。

そう思って、コウハイが好きなものを思い浮かべてみました。家のどこにいても開けると吹っ飛んでくるのがツナ缶。しつこく欲しがるのは煮干しとさつまいも。フードにのせると喜ぶのは納豆。フルーツや生の野菜は食べません（トマトだけ欲しがります）。

十人十色というように、十猫十色。

ちなみに我が家のいやしい系のセンパイは犬なのに猫草が大好きです。

猫は、身だしなみに気を遣う

「猫が顔を洗ってると、明日は雨」と言われています。定かではありませんが、猫は湿気に敏感なので、雨が降る前の湿度を察知して、顔を洗い出すということかもしれません。猫が顔を洗って（なでて？）いる姿はよく見かけます。

前脚で顔をなでて、ときには耳の後ろまで。前脚が汚れたら、口で舐めてきれいにして、今度はぐいっと首を曲げて背中。片方の後ろ脚を上げ、まるでヨガのポーズをとっているよう。それを繰り返し、身体の隅々まで磨き上げる。「自分をきれいに保とう」としているのです。

私は家で原稿を書いていることが多いので、出かける予定がない日など、それはひどい格好で暮らしています。特に朝は、宅配便を受け取りに出るのもはばかられるくらいのレベル。

そんな自分をときには反省し、気持ちを切り替えます。「猫たちのように、〝きれい

舐めにくいポーズの時
ストッパーをしてあげると
喜ぶ。

でいること〟にもっと意識を高く持って暮らしていこう」せめて、いつ誰に訪ねてこられようとも、慌てず平然としていられるように。「これからは部屋着というものを持たないようにして、家でも、すぐ外出できるような服を着ていればいいのではないか。朝起きたら、毎日、電車に乗れるくらいの服装に着替えよう」そう思いつき、実践したこともありました。が、元来、自他ともに認めるなまけもの。あっけなく三日坊主にて終了したのでした。チーン。

コウハイは長毛だからでしょうか、被毛をきれいに保つことに余念がありません。時間をかけて身体のあちこちをグルーミングするのですが、毛が長い分、舐め上げても舐め上げても追いつかないこともしばしば。根気強くやっています。

そういえば、高校生時代に仲がよかったむっちゃんの家にはミントという白いおばあさん猫がいました。ある日、肩のあたりにできものができて切開したのです。傷口は数日で治ったものの、切るために剃毛(ていもう)した直径2センチほどのハゲが残りました。ミントはそのハゲを気にして、毛が生え揃うまでの約2ヶ月間、日課にしていたご近所パトロールにも行かずに家の中で過ごしました。美意識の高い猫だったのです。

猫は、暇を遊ぶ

部屋に花を飾る……。猫と暮らしはじめて、あきらめたことのひとつです（ほかにあきらめたのは、家具に傷がつくこと、食べ物をテーブルに出しておくことなど）。個体差にもよるのかもしれませんが、とにかくコウハイは、花を食べるのが好きでした。まるで花占いをしているかのように、花びらを1枚ずつ噛み切り、ちぎっては食べ、また、次の1枚……。「花を食べたがるのなら」と、ドウダンツツジなど葉っぱだけの枝ものを飾ってみると、今度は葉っぱを食べようとする。しまいには枝に飛びつき花瓶をひっくり返して、そこらじゅう水浸し。鉢ものでは、植物だけではなく土まで掘り返し、部屋もコウハイ自身も真っ黒に。それを目の当たりにし、悟り、すべてをあきらめました。

花を飾ることをあきらめたので、花びらや葉っぱが散らかることはなくなりましたが、ある日、小さな紙切れがあたり一面にばらまかれていました。一瞬何事かと思いましたが、よく観察すると、コウハイが、ハウスとして愛用していたダンボールを端から噛みちぎっては、ぺっ、ぺっと吐き出した努力のたまものだったのです。

とても熱心に「私は信念を持ってやっております」とでも言いたそうなその姿。コウハイ、熟練の職人のごとく心乱さず。

「何て無駄なことをしているの！」私は呟（つぶや）きました。暇つぶしとしか思えません。ダンボールを置くのもやめようかと考えましたが、コウハイがとても気に入っているので、そこは譲歩しました。そして、相変わらず、ダンボールちぎり職人となっているコウハイを呆（あき）れながら眺めています。

目的があるとはとうてい思えず、「やっぱり、ただ暇をつぶしているだけ」と一蹴（いっしゅう）しようとして、気がつきました。コウハイは、ときを刻むようにダンボールをちぎって楽しそう。

猫は、暇と遊ぶために生きているのかもしれません。

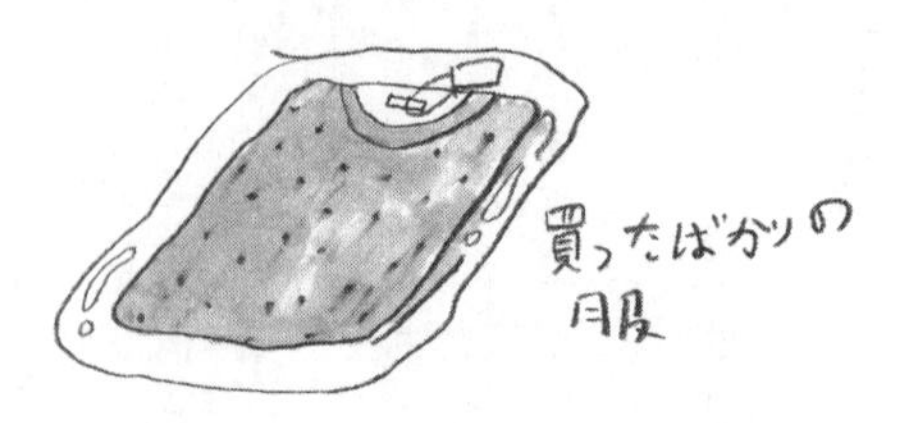

袋から出しておいて
あげたよ。
タグも取っといたしね。

猫は、淡々と過ごす

料理研究家の友人がはじめて迎えた猫の名前は「だんご」。背中にうす茶色の丸がみっつ、みたらしだんごのような模様があったから。

職業柄「食」について常に考え、こだわっている飼い主なので、猫のごはんについても並々ならぬ情熱を注いでいました。

おやつには、手作りした鶏のささみジャーキーを。朝食は市販のカリカリにヨーグルトやきなこ、煮干しの粉をかけて。

夜のごはんは、鶏のムネ肉と野菜を茹で、ときには人間の夕食にと用意した刺身をお裾分け。もちろん、毎日違うメニューでたっぷり食べさせていました。

だんごの美食は、猫友だち（人間）の間でも話題で、「まったくうらやましい限りだよ」「うちの猫たちには絶対に言えないよね」と噂されていました。

そんなだんご、3歳を過ぎた頃から急に食欲が落ちました。元気はあるのです。獣医師に診てもらっても異常はなく、ただちょっとだけメタボ。運動不足？　何がいけないのか、何か不満なのか。

だんごの飼い主は悩み、こう言いました。「だんごのこと、どう考えても何がいけなかったのかわからない。だから、もう一度最初から猫育てをやり直す。食べるものもいろいろ与えすぎて、何が好物かもわからなくなってしまったから……」私たちは生ぬるく見守ることにしました。

だんごの飼い主がまずやったことは、食事のリセット。初心にかえり、市販のキャットフード（カリカリ）を吟味、だんごに合いそうな銘柄を与えることにしたのです。すると、どうでしょう。驚いたことに、だんごの食欲はみるみる回復。

カリカリだけのごはんをおいしそうに食べるだんごを見て、飼い主は猛省しました。「私たちだって、家で食べるいつものごはんは特別なものばかりじゃないのよね」わかっているつもりでしたが、彼女は、だんごにとっていい飼い主になりたくて、がんばりすぎていたのです。

頬張ると安心したり、心と身体がふわっとゆるんだり、心地よさを感じて落ち着い

巨猫が横倒る時
家ごと揺れる。

たり……。いつものごはんは、ごちそうばかりではなく、もっと地に足が着いたものだということを、だんごは教えてくれたのです。

猫は、毅然と抗議する

センパイと朝の散歩のとき、公園にリリちゃんと、リリちゃんちのおじさんがいました。「おはようございます。今朝は、早いですね」そうあいさつして、少しおしゃべりをしているうちに、おじさんが言いました。「実は、リリが家出中なんですよ。だから、朝ごはんを出前しているんです」

公園を拠点に野良猫をしていたリリちゃんはミルクティー色のむっちりした猫。ご近所のやさしいおじさんの家に引き取られ3年が経ちました。おいしいごはんに陽の当たる玄関先での昼寝と、家猫を満喫していましたが、近頃、おじさんの家を訪ねてくる見知らぬ野良猫がいて、それを気にしていたそうです。

「妻が、野良猫にもごはんをあげたら、リリはとても怒ったんです。だから、リリのテリトリーを尊重して、野良猫のごはんは塀の上に置いておくようにしたんだけど、それでも気に入らなかったんですねぇ。ある日、ぷいっと家を出てしまって、夜にな

連れていかれたくない
時は平たくなる

っても戻ってこなくて。またここで暮らすようになってしまったんです」とおじさん。

自分以外の猫へのやきもち？　「家猫の座を奪われる」とでも思ったのでしょうか。

「わたしという猫がいるのに！」とか。

「元は野良猫なのだから、気持ちわかるでしょ？」と私はリリを説得してみましたが、「あなたまでそんなこと言うの？」と憮然。これはなかなか手強そう。

ドラマで、「実家へ帰らせていただきます」と家を出ようとする妻に、「そう言わずに機嫌を直してよ」とすがる夫、という図がよくありますが、リリとおじさんはまさにそんな感じです。

リリの家出は長期戦となる予感。

猫は、五感を駆使する

昨夏、コウハイは窓辺に座り外を眺めてばかりいました。

我が家は南と北に窓があり、北向きの窓のすぐ向こうには大きな欅（けやき）。その欅にやってきて、止まりと決めたセミたちをコウハイは一日中監視していたのです。

繁った葉の間に止まるあっちのセミ、こっちのセミ……。鳴き声や気配に合わせてコウハイも右往左往、上を見上げたり、下を覗き込んだり……。朝から晩まで、です。

しかし、数日経つうちにコウハイは、窓辺にかかるカーテンの中に身を隠してセミを見張るようになりました。身体じゅうアンテナを張り巡らせたように、意識だけを集中させて微動だにせず。

天蓋（てんがい）付きのベッドに横たわる王子よろしく、一見、優雅な趣（おもむき）。カーテンに包まれながら網戸に張り付き、コウハイはセミの声を全身で浴び、感じています。ときどき、カーテンの下から顔を出し、何かを確認するような素振りも見せて。カーテンで身を

バタ
バタ
バタ
バタ
バタ
バタ
バタ
バタ
バタ
バタ
バタ
バタ
バタ

隠していても、鳴き声の強弱、気配などで、セミたちを知ることができるようです。ブルース・リーよろしく「見るな！　感じろ！」。

観察も何日目かのある日、私がリビングにいたとき、北側の窓付近で不穏な音がしました。慌てて行ってみると、コウハイが目をじゅんじゅんに見開き、ピンクの鼻をくんくんさせながら戦闘態勢。見ると網戸に大きなセミが止まっていました。網戸越しにパンチをするも、猛者セミもコウハイの動きをうかがいながら「ジジ、ジジジ」と応戦。

コウハイはいよいよ興奮し、さっきより勢いをつけて網戸越しにパンチを繰り出します。結局、セミが飛び去り、戦いはドローとなりました。コウハイは鼻から口元をぱんぱんにふくらませて、鼻息荒くしたまま呆然と佇んでいました。

ＷＢＣフライ級王座決定戦・セミファイナル、終了。

猫は、平和を保つ

オットの母と暮らしていた2匹の老猫姉弟・ジュリとボンボンは、姉弟といっても同胎で生まれたので同い年。もしかしたら兄妹だったのかもしれませんが、子猫のときからお行儀がよく賢いジュリと、不器用で何をやってもパッとしないボンボン。自然のなりゆきで、ジュリがお姉さん、ボンボンが弟という位置づけになっていました。

引っ越しをしても、まずはジュリが環境になじみ、その姿をボンボンが倣う。はじめて食べるものも、ジュリが味見をしてから、ボンボンが食べる。ジュリが寝ているときは、起こさないようにとボンボンは気遣う。そんな2匹の関係は、ジュリが21歳で亡くなるまで続きました。

ジュリ亡きあと、ボンボンは大変な甘えん坊になりました。「ジュリがいなくなったから、今度はボクの番！」と言っているかのように、部屋の真ん中を陣取り、よくおしゃべりをするようにもなって、自己主張もなかなか。

なぜか1匹ずつしか
入ってこない。

義母の帰りが遅いと「今頃までどこへ行っていたの—」と小言まで。自由気ままにのびのび暮らし、ボンボンはジュリの2年後、天国に旅立ちました。

卑屈でもなかったし、ジュリを疎ましく思う様子はなかったボンボンですが、「もしかしたら、ジュリ亡きあとの彼が、本当の姿だったのかな?」とも思います。

猫は、なごやかでやわらかな空気が好きで、自分がどのように行動したら家の中が平和になるのか、ちゃんとわかっているのです。

ジュリの後ろに佇んでいた控えめなボンボン、義母に対してまるで夫のようにふるまっていたボンボン、どちらもとても満足そうでした。

猫は、荷物を持たない

コウハイを何度か友人の家に預けたことがあります。
猫を預けるとなると、まず準備するのは猫用のトイレとトイレ砂、次にはキャットフード、ごはんを食べているボウルに水飲み。特別なおやつも入れとく？　いつも寝ているベッドに敷いているクッションもあったほうが落ち着くかも。気まぐれで追いかけるおもちゃも持たせよう……ｅｔｃ.
まとめた荷物はなかなかの量になりました。小さな（でもない？）猫1匹を預かるつもりでいた友人も、こんなにたくさんの荷物とやってくるとは思ってもいないことでしょう。我ながら苦笑です。
コウハイ本猫はといえば、友人宅に届けても、異変は察知しているようですが、なかなか悠然としています。「コウちゃん、明日迎えにくるからね。いい子でね」そう声をかけ私は友人宅をあとにしました。

コウハイは、しばらくは警戒し様子を見ていたそうですが、やがて部屋をパトロールして落ち着き、友人が我が家へ遊びにきたときに見るコウハイの感じ（つまり、いつものコウハイ）で、過ごしていたとか。

おなかが空いた様子を見せたので、食餌を与えると一気に完食。夜はリビングのソファでひとり寝。トイレも難なく済ませ、問題は何も起こっていないと、友人はLINEで途中経過を知らせてくれました。


翌日、迎えに行くとコウハイは「もうここに何年も住んでますけど、何か？」という顔で私を見ました。もちろん再会を喜ぶ様子はありません（残念っ）。私は、また、持ち込んだコウハイのお泊まりセットをまとめ、荷物を両肩にかけ、コウハイを抱えて帰宅しました。

友人の報告によると「コウハイは、おやつを要求することもなく、おもちゃを追いかけることもせず、持参したクッションに乗ることもなかった」と。

つまりは、私があれこれ考えて用意したものは、コウハイにとってどうしても必要なものではなかったのです。もともとモノを頼ってなんか生きていないのでした。

猫は、空腹が満たされ、落ち着いて眠れれば、「これがなくてはだめ!」なんてことはないのですね。「枕が変わると眠れない」なんていうのはでっかちな頭で考えた、人を不自由にする思い込み。

猫は、もともと荷物を持たないのです。

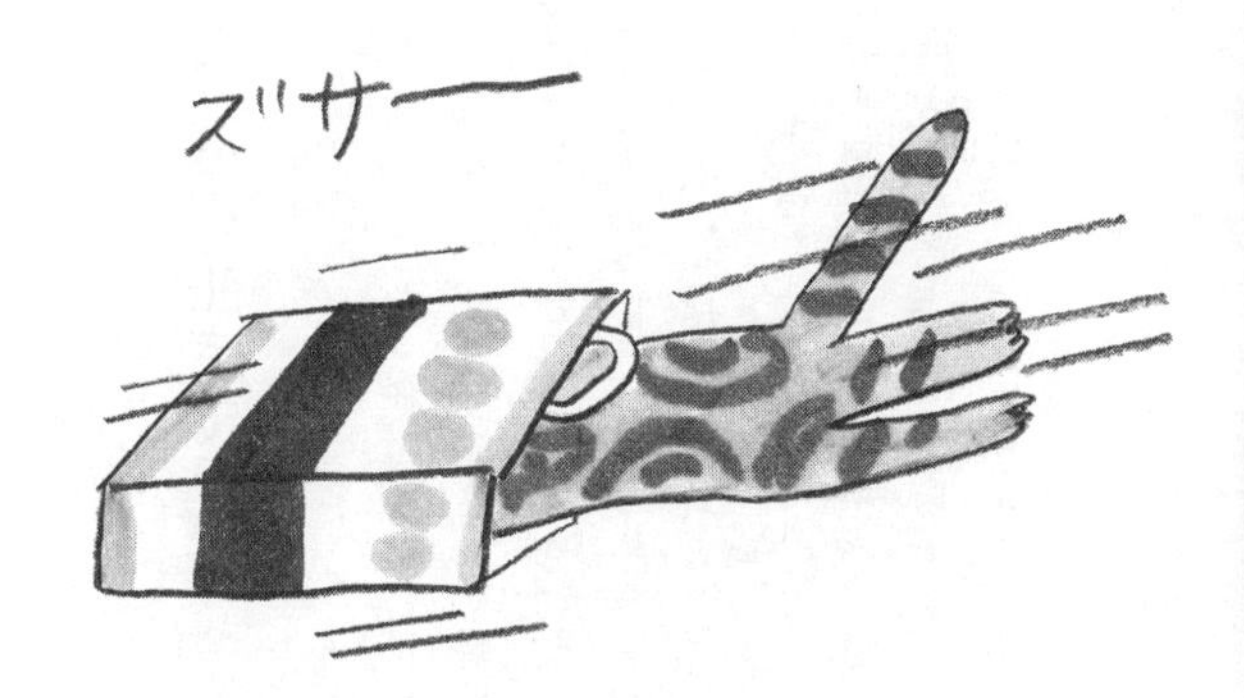

おもちゃなんてなくても
そのへんの物で
いくらでも遊べる

猫は、命いっぱい生きている

猫にも人にも、クセというか、無意識にしてしまう行動の中に、自分の経験が刻まれていることがあるものです。野良猫として暮らしていた猫が、保護されて家猫となったとき、野良猫時代の生活がしのばれる行動をとることがあります。

外から聞こえる男の人の声に、「はっ！」として耳を傾ける猫は「どこかの男の人に、親切にしてもらったことがある」のかもしれないし、バイクの音を怖がる猫は「バイクで何か危ない経験をした」のかもしれません。

知り合いの家の元野良猫・茶トラのチャイは、8歳になるオス。ふだんから匍匐(ほふく)前進のような、少し特徴のある歩き方をします。その姿は愛嬌があって、つい笑ってしまうのですが、路上で暮らしていたときに、狭くて低い側溝などをよく歩いていたのかもしれません。

その想像が当たっているのか違っているのか、本当のところはわかりませんが、私たちはついいろいろな想像をし、勝手に不憫（ふびん）に思ったりしてしまうものです。

最近、近所で見かける猫がいます。小柄な三毛猫なのできっとメスで、そう若くもない？　とはいえ4年という野良猫の平均寿命から考えると、まだ2歳か3歳くらいなのかもしれません。駐車場によくいるので、チュウ子と呼んでいます。

ときには凶悪そうな目で凄んでくることもあるし、またあるときには、駐車しているクルマの陰でのんびり涼んでいたり。風雨を凌（しの）ぐだけでも大変でしょうが、チュウ子を見るかぎり、案外満足そうです。

産んでくれた母猫はいたわけだし、兄弟もいたことでしょう。でも、どんな理由なのか、いつからか、ひとり（1匹）で暮らすことになったチュウ子。それからはまさに、「雨の日には雨の中を、風の日には風の中を」。

自分の直感を信じ、何事にも執着しない。自分ができることをやりきっているという確信があるのでしょう。チュウ子には「とにかく生きる」という意欲がみなぎっています。というか、「明日どうしよう」なんて考えたこともないみたい。

今を、命いっぱい生きている猫は、凜々（りり）しくて美しいです。

一度水位を
確認してから飲む

猫は、自然に察する

原稿を書いているとき、センパイとコウハイは、私に無関心です。まぁ、あきらめているというか。しつけたわけでもなく、これは2匹がおのずと感じ取っていったことです。原稿を書こうと、私がパソコンに向かうと、「あ、しばらく相手をしてもらえないな」と、昼寝をはじめたり、ひとり遊びをはじめたり……。

ときどきコウハイがやってきて「そろそろ、ボクと遊べ～！」とパソコンの上に座ったりしますが、私が原稿を書き終え、椅子を立つまで2匹は気配を消しています。

しかし、思うように原稿が書けずはかどらないときなど、コウハイはそわそわと私の様子をうかがい出すのです。眠っていても、ふと目を開け頭を上げて、じーっと私を見るのです。それ以上のことはしませんが、私の様子を観察し、また寝て、しばらくするとまたこちらをじーっと見て。

思い通りに書けないと、ついイライラしたり、重苦しい気分になったりしてしまうのですが、無神経にもその気配を発し、コウハイを心配させてしまっていたのです。ともに暮らすペットたちには、いつも穏やかに明るい気持ちで過ごしていてほしいと願っているのに。

コウハイ、どんよりとした私を見て「大丈夫かなぁ」と気遣ってくれてる？　もしかしたら「ゆっちゃん（私のこと）が不機嫌そうだけど、ボクが何かしたかなぁ？」なんて不安に思わせていたら申し訳ないこと。

「猫に心配をかけるような人間ではいけない」私はそう声に出して言い、背筋を伸ばしました。コウハイは今も、私が原稿を書いているテーブルの隅に座っています。背中を見せているけれど、明らかにこちらを気にしているよう。

そろそろ
音楽でも
かけましょうか
ポチ

猫は、想いに寄り添う

フジコはおばあさん猫。茶トラのボディと短いしっぽが自慢です。飼い主が留守がちだったので、いつもひとりで窓の外を眺めて過ごしていました。寂しかったのです。

ある日、アパートの中を散歩してみようと思い立ち、階段を上がっていくと、少しドアが開いていた部屋がありました。

勇気を出して中に入ってみると、女の人がひとり、机で書きものをしていました。ふと振り返ったとき目が合い、その人はとても驚いたようでしたが、「あ!」と小さく声を出し、それから「いらっしゃい」と小さく言い、また何か続きを書きはじめました。

フジコは「大丈夫そうだ」と感じると、椅子の上に乗って昼寝をしました。目が覚めたので、部屋を出ていこうとしたら、女の人は静かに振り返り、「またきてね」と言ったのです。

そんなことがきっかけとなり、フジコはときどきその部屋を訪ねるようになりました。部屋の主の女の人は、同じアパートに住むフジコの飼い主とも話をして、「何日か留守にするようなときは、正式に預かる」という約束もしました。それからフジコは、ふたつの部屋を行き来しながら暮らすようになったのです。

それから1年半後、フジコは飼い主に連れられて、遠くの街に引っ越すことになりました。

引っ越しの日、階段を上り、お別れにやってきたフジコ。しばらく部屋を歩いたり、大好きだったベッドの感触を確かめたり。女の人は「フジコがよく昼寝をしていた椅子に座らせて、記念の写真を撮りたいな」と思っていました。その気持ちが伝わったのでしょうか。フジコは椅子に向かって歩き、ひょいと飛び乗りポーズを取りました。「カシャ!」シャッターを一度押したとき、フジコの飼い主がバタバタと部屋を訪れ、彼女を抱き上げたのです。そのとき、フジコはとても怒りました。「〝今までありがとう〟の気持ちを込めて、写真を撮ってもらっていたのに」とでも言いたげに。

部屋の主の女の人は、飼い主の腕の中で暴れるフジコに声をかけました。

「もう十分よ。ありがとう。元気でいるのよ」そして、さよならをしました。
猫は、人の想いに寄り添います。人の気持ちに応えようとするのです。

あったためといてあげたんよ
仕事ができん…

猫は、日常に感謝する

写真家の岩合光昭さんがテレビでインタビューを受けていらっしゃいました。「猫の写真を撮るときに、何か秘訣はありますか」という質問に、「秘訣というのではないかもしれませんが、この猫の写真を撮りたいと思ったときに、まず、ちゃんとあいさつをするようにしています」との答え。

そして、「猫は、言葉が伝わるというよりも、音を聞いて感じるようなので、その国の言葉であいさつをします。日本なら〝こんにちは〟、フランスなら〝ボンジュール〟。〝グッドモーニング〟もアメリカとイギリスではアクセントを変えて発音します。みんなうれしそうにしてくれますよ」。

私は、我が家にいるコウハイに「おはよう」「おやすみ」「いってきます」「ただいま」のあいさつをします。コウハイはそのたびにうれしそうに、そして少し恥ずかし

猫がいると みんな笑顔で帰ってくる
ただいまー猫元気ー？
カチャ
ただいまー
元気にしてた？
ねてた

そうに小さく「ニャ」と返事をしてくれます（ときには、口パクのことも）。毎日同じように「おはよう」と声をかけているのに、いつもどこかうれしそうで恥ずかしそうにするコウハイ。初々しいのです。

私は、朝起きて家族の顔を見たら「おはよう」とあいさつするのが当たり前だと思っていました。なので、特に気持ちを込めるでもなく、無意識に声に出していただけ。そんな「おはよう」を、コウハイは毎日ちゃんと受け止め、その響きを心に留めてくれていたのです。

「おはよう」とのんきに言えるのは、音を聴くことができて声を出せるから。健康だから。いつもの日常だから。そして何よりも、「おはよう」と言える相手がいるから。明日も今日みたいに「おはよう」と言いあえるとは限らないこと、すっかり頭の外でした。

コウハイは捨てられていた猫で、保護されてからも死にかけたことがあったので、命あるすべての生きものが、この世に生かされていることが稀有なことだと、わかっているのかもしれません。

新しい朝を迎えて「おはよう」と声をかけあえるのが、どんなに有り難いことか。

コウハイのように何事も心から楽しみ、今日在ること、当たり前の毎日が続くことに感謝して暮らさなくては。

明日も「おはよう」と言えますように。
感謝を込めて、笑顔で。

砂をかかずに
カーテンをかく。

文庫版　あとがき

うちのコウハイ（猫）が梅干しの種を飲み込み、開腹手術をしたときのことを、編集者の菊地朱雅子さんとの打ち合わせの際に話しました（P11～のくだりです）。すると「え！　猫ってすごいですね！　うれしかったことしか覚えていないなんて！」そしてすぐさま「由紀子さん、いつか、そのタイトルでエッセイ集を出しましょう！」と言ってくれたのです。

数ヶ月後。話が具体的に進み、原稿がおおかたできて、造本についての話し合いをすることになりました。約束の場所に着くと菊地さんはすでにいて、私が席につくやいなや「由紀子さん、いいことを思いつきました。ミロコマチコさんにイラストをお願いしてみませんか」。

昨夜、お風呂でミロコさんの『ねこまみれ帳』（ブロンズ新社）を読んでいてひらめいた、のだそう。「ミロコさんの絵と由紀子さんの文章は好相性なのでは」とも。

私はとてもうれしかったけれど、そんな夢のようなことってあるかしら。

いきおいのある思いつきは冷めないうちに。菊地さんはいつもの瞬発力を発揮しミロコさんに連絡。まずは原稿を読んでもらうことになりました。するとしばらくして「描きます！」とのお返事。「ヤッターーー！」うれしいうれしいぃぃ。

ミロコさんにお願いしたのは、カバーとなるイラスト1枚と、挿画を二十数点（エッセイ2〜3編に挿画がひとつ入るイメージで）。しかし、エッセイとほぼ同じ数のイラストが届きました。ミロコさんのすてきな勘違いによる奇跡！「どれを使うかはお任せします」とのことだったけれど、どれもすばらしくおもしろく、結果、全部を掲載させていただくことにして『猫は、うれしかったことしか覚えていない』が、出来上がったのでした。


インパクトがあるからかタイトルがひとり歩きすることがしばしば。ツイッターでは、見知らぬかたの「猫はうれしかったことしか覚えていない、らしい。私もそんなふうに生きたいな」という呟きに、何十万もの「いいね！」がつき、いわゆるバズったことは、私が知るかぎり3度。軽く呟いただけなのに「いい加減なことを言うな」

「都合のいい解釈をするな」と中傷されたりしていて、申し訳ないような気持ちになりました（賛同もされていたけど）。

科学的根拠はないし「病院に連れて行かれた嫌な経験を、うちの猫は今も覚えています」という人もいますが、「猫は、うれしかったことしか覚えていない」そんなゆったりとした捉え方があってもいいのではないかと思っています（命に関わるようなこと、この言葉を逆手にとるような行いは別です）。


先日、宇都宮美術館で開催されていたミロコマチコさんの展覧会「いきものたちはわたしのかがみ」に、菊地さんと行きました。美術館の顔ともいうべき大谷石でできた掲示ケースには、『猫は、うれしかったことしか覚えていない』のカバーイラストが大きなポスターとなって飾られていました。このイラストはガチャガチャのバッジになったり、カードになったり、Tシャツにもなったりして、いろいろな顔を見せて楽しませてくれています。

スケールの大きな展示を体感、細部までじっくり味わい、奄美から来ていたミロコさんにも会えました。美術館は広々とした芝生も横にあり、そんな環境も、空気もとてもよかった。市街地まで戻ったところで日も暮れて、新幹線に乗る前に「ちょいと一杯」というのが自然の流れ。餃子をひと皿ずつ食べてから、菊地さんが妹さんから教えてもらったという居酒屋に行きました。安い、早い、うまい（薬味大盛り）。はじめての客にもアウェイ感を感じさせないとても居心地がいいお店で、私たちはすっかり溶け込み、地元のおじさんか！　というほどリラックス。

帰宅して「あ〜、楽しい秋の遠足だったな！」と、戦利品（美術館で買ったものなど）を眺めて反芻していたら「ミロコマチコのクリーチャーズしんぶん」に、〝宇都宮で食べたおいしいもの〟として書かれていたのが「庄助の納豆信田あげ」。おおお、なんとミロコさんも私たちと同じお店に行っていた。同じものを食べていた。そして「ゆずみそをおもち帰りしました」というところまでも一緒。なんと愉快なことよ。

私も、うれしかったことしか覚えていない。これからもうれしかったことを重ねていきます。

この本を育ててくれたみなさんに感謝します。

２０２０年11月　石黒由紀子

この作品は二〇一七年七月小社より刊行されたものです。

幻冬舎文庫

●最新刊
だからここにいる 自分を生きる女たち
島﨑今日子

安藤サクラ、重信房子、村田沙耶香、上野千鶴子、山岸凉子――。女の生き方が限られている国で、それぞれの場所で革命を起こしてきた十二人の女たち。傑作人物評伝。

●最新刊
やっぱりかわいくないフィンランド
芹澤　桂

たまたまフィンランド人と結婚して子供を産んで、ヘルシンキに暮らすこと早数年。それでも毎日はまだまだ驚きの連続！「かわいい北欧」のイメージを覆す、爆笑赤裸々エッセイ。好評第二弾！

●最新刊
オーストリア滞在記
中谷美紀

ドイツ人男性と結婚し、想像もしなかった田舎暮らしが始まった。朝は、掃除と洗濯。晴れた日には、スコップを握り庭造り。ドイツ語レッスンも欠かさない。女優・中谷美紀のかけがえのない日常。

●最新刊
ののペディア 心の記憶
山口乃々華

2020年12月に解散したダンス&ボーカルグループE-girls。パフォーマーのひとりとして走り続けた日々から生まれた想い、発見、そして希望。心の声をリアルな言葉で綴った、初エッセイ。

●最新刊
猫には嫌なところがまったくない
山田かおり

黒猫CPと、クリームパンみたいな手を持つのりやすは、仲良くないのにいつも一緒。ピクニックのように幸福な日々は、ある日突然失われて――。猫と暮らす全ての人に贈る、ふわふわの記録。

猫(ねこ)は、うれしかったことしか覚(おぼ)えていない

石黒由紀子(いしぐろゆきこ)・文　ミロコマチコ・絵

令和3年2月5日　初版発行
令和6年4月5日　5版発行

発行人――石原正康
編集人――高部真人
発行所――株式会社幻冬舎
〒151-0051東京都渋谷区千駄ヶ谷4-9-7
電話　03(5411)6222(営業)
　　　03(5411)6211(編集)
公式HP　https://www.gentosha.co.jp/
印刷・製本―株式会社　光邦
装丁者――高橋雅之

幻冬舎文庫

ISBN978-4-344-43053-2　C0195　　い-66-1

この本に関するご意見・ご感想は、下記アンケートフォームからお寄せください。
https://www.gentosha.co.jp/e/